不会让人发胖的甜点配方

〔日〕石泽清美　著

盛　莉　译

河南科学技术出版社

·郑州·

ふとらないお菓子レシピ

Copyright©KIYOMI ISHIZAWA 2012

Original Japanese edition published in Japan by Shufuno-tomo Co., Ltd.

Chinese simplified character translation rights arranged through Shinwon Agency Beijing Representative Office, Chinese simplified character translation rights©2015 by Henan Science&Technology Press Co.,Ltd.

备案号：豫著许可备字-2014-A-00000071

图书在版编目（CIP）数据

不会让人发胖的甜点配方 /（日）石泽清美著；
盛莉译. —郑州：河南科学技术出版社，2015. 11
ISBN 978-7-5349-7791-6

Ⅰ. ① 不… Ⅱ. ① 石… ② 盛… Ⅲ. ①甜食-制作 Ⅳ. ① TS972.134

中国版本图书馆CIP数据核字（2015）第106800号

出版发行：河南科学技术出版社
　　　　　地址：郑州市经五路66号　　邮编：450002
　　　　　电话：（0371）65737028　65788613
　　　　　网址：www.hnstp.cn
策划编辑：李　洁
责任编辑：杨　莉
责任校对：徐小刚
责任印制：张艳芳
印　　刷：北京盛通印刷股份有限公司
经　　销：全国新华书店
幅面尺寸：180 mm×260 mm　印张：5　字数：120千字
版　　次：2015年11月第1版　　2015年11月第1次印刷
定　　价：35.00元

如发现印、装质量问题，影响阅读，请与出版社联系并调换。

我家有人血糖值稍高，
因此控制饮食成了我生活的一部分。
为了防止血糖升高，
我们吃饭很注意节制。

大家都有过减肥的经历吧，我也一样。
不管是减肥还是控制血糖，
首先需要控制的就是甜点。
但是，控制饮食真是一件痛苦的事情，
我几乎坚持不了。
有时候，我索性放弃，
对自己说"哎呀，算了！不减了，开吃！"。

如果要控制糖分和热量，
是不必彻底地放弃甜点的。
但是甜点所使用的材料如面粉、白糖之类的，
又都是高糖分、高热量的。
市面上所售的糖果含糖量也略微超过了可容许的量。

"糖分5g以下，低热量"，
用附近的超市所售的材料就可以。
我想，要是我能做出松软、入口即化的甜点该多好啊！
于是我便开始了漫长的烘焙之路。

在经历了数十次的失败，
尝试了无数种方法之后，
我终于做出了可以推荐给需要控糖以及减肥的朋友们的甜点。
糖分全部控制在一顿5g以下，
肯定比市售商品糖分低哦。
热量也有控制，
可以大胆地品尝。
所有甜点都标明了糖分和热量，
因此您可以根据您需要控制的饮食内容以及减肥目标选用食材。

甜点总能为我们带来小小的幸福感。
我希望本书介绍的甜点可以为每天努力忍耐着节食的朋友们带来些许的快乐哦。

石泽清美

请在了解下面几项事宜之后再开始甜点的制作。

■ 所用量勺标准为1大勺15mL，1小勺5mL；量杯1杯为200mL。

■ 所示糖分、热量是指1人份的大致数值，仅供参考。标注为"市售品"的参照的是"日本食品标准成分表2010"，而标注为"类似品"时，则是参照同种甜点的通用方法进行计算的，书中所写"如果有……"这种情况下所使用的香草等材料不参与计算。

■ 微波炉的加热时间是500W机器的标准。600W的微波炉时间请减20%。但是各种机型的加热时间也存在差异，所以请注意观察，酌情减时间。

■ 烤制时以电烤箱烤制的时间为标准。燃气烤箱需要将时间缩减20%~30%。另外，不同烤箱的特性不同，所以仍需一边观察，一边酌情增烤制时间。

■ 所用鸡蛋1个为55g左右。

■ 制作方法中，关于胡萝卜之类去皮不去皮均可的食材，有些没有特别提及。

■ 虽然是低糖甜点，但也不能没有节制，请适量食用。

■ 关于罗汉果代糖的糖分，虽然其本身也含糖，但由于其不会引起血糖的升高，因此糖分值视为0。

■ 食用低糖甜点有时也会因体质状况不同而产生不同效果，请务必了解。

★本书所示步骤的图片序号对应做法编号。图片不一定是从1按顺序排列，例如有时会如右图所示从1直接跳至4。请您参看图片时务必对应做法序号。

有关低糖
甜点与素材的问答

Q 不会让人发胖的甜点是不是可以随便吃？

A 即使甜点糖分再少，对血糖值影响再小，大量食用的话，所摄取的糖分肯定也会增多，因此不管吃什么都要适可而止。本书食谱标题之上的自制品的量就是1次所食用的标准量，每个食谱中都明确列出，敬请参考。

Q 看了材料表，发现也用了一些糖分含量较高的材料，这没问题吗？

A 弄清楚糖分的多少非常重要，并且也有必要大概算出一次摄入多少为好。本书介绍了仅使用10g

糖分含量较高的高筋粉的食谱。因为量少，其他材料糖分含量也较低，因此是没问题的。顺便提一点，控糖有一个标准，对于含糖量较高的食材，严格的标准是一天摄入20g左右，稍宽松的标准是50g，相当宽松的标准是80g。我们自己可以计算一下一日三餐大概摄取了多少。

Q 食品的糖分要怎样计算呢？

A 碳水化合物的量减去食物纤维的量即为糖分。而食品成分表中没有"糖分"这一栏，所以就算麻烦我们也需要认真计算。大体而言，肉、鱼、鸡蛋、蔬菜的糖分较少，而谷类、砂糖类则糖分较高。本书食谱中所出现的材料，在p80列出了每100g中所含的糖分，敬请参考。

低糖甜点为什么不会使人发胖?

简而言之,尽量不使用精面粉、
白砂糖等制作而成的甜点就是低糖甜点。
那为什么低糖甜点不会让人发胖呢? 接下来请容我稍做解释。

何为糖分?

正如电视里每天都在播放的啤酒的广告词,"低糖"与"零糖分",我们实在听得太多了。但是也许很少有人去思考这两个词的真正含义吧。正如其字面含义所示,零糖分即完全不含糖分,而低糖则指糖分较少。

糖是葡萄糖、果糖等单糖类,麦芽糖、乳糖等双糖类,以及淀粉、糖原等多糖类的总称。食用含糖分的食物后会使血糖值上升,这也是其最大特征。

血糖上升则容易发胖

摄取了糖分高的食品后,会令血糖值急剧上升。因此为稳定血糖,胰腺会分泌胰岛素。胰岛素又被称为瘦素,优先分解糖分,并抑制中性脂肪的分解,促进糖分输送至脂肪细胞与肌肉,使血糖降低。但是剩余的血糖会转换为中性脂肪,作为身体脂肪储存在体内。意即血糖升高则会促进胰岛素的分泌,体内脂肪就会容易聚集,从而发胖。

控制糖分有利于减肥

那么,控制糖分的摄取会怎样呢? 饮食所摄取的葡萄糖一旦减少,肝脏合成葡萄糖的机能便启动了。此过程需要消耗大量的能量,脂肪酸合成酮体的进程会大大提速。其结果便是脂肪代谢更旺盛,肝脏的酮体合成也增加。这个过程消耗了能量源,也是使身体变瘦的原因。

低糖饮食法受到关注的原因

不知道您是否理解了低糖的好处了呢? 要说为什么低糖饮食法受到关注,那还是因为它不需要进行烦琐的营养计算吧。特别是糖尿病患者朋友需要控制热量,为了饮食营养均衡,需要进行烦琐的营养计算。但是低糖饮食法的大前提就是不摄取糖分多的食品,即主食(米饭、面条、面包)和甜点。而那些一直被认为要尽量控制的肉、鱼、黄油等油脂类食物却可以免去热量计算直接食用。这种饮食的满足感和快乐感正是受到糖尿病患者朋友欢迎的原因吧。

即使对于不是糖尿病患者却偏胖的朋友而言,控制糖分,可以启动从蛋白质和脂肪中转换能量的身体机能,从而更容易燃烧体内积聚的脂肪。省去细致烦琐的热量计算,而只关注糖分,这种饮食方法,光在能变瘦这一点上,就比传统的减肥方法更容易让人坚持,也更有效果。

低糖饮食的具体方法

几乎所有的食品都含糖分，因此要做到零糖分是不可能的。但是通过食材的选择来控制糖分却是可行的。

具体而言，就是尽量不要摄入精米、面粉、面条、白砂糖等。而糙米、全麦粉则可以适量摄取。另外糖分多的蔬菜、酒等也要控制。

而相反，糖分少的肉、鱼、鸡蛋、油脂类、豆腐、纳豆、芝士、豆浆等，都是可以积极摄取的食品。但是也不可贪多，只是可以在食用时不用太在意其热量。

何为低糖甜点?

正如上文所谈到的，尽量控制糖分是王道。一般的甜点所使用的精面粉类、白砂糖类食材我们基本不用（本书也收录了使用了极少量此类食材的食谱）。

那么我要用什么食材呢? 那就是杏仁粉、黄豆粉、高野豆腐粉、豆腐、豆腐渣等。有些专业人士还会用到大豆粉（与黄豆粉不同，本书未使用）、麸皮等材料，但是由于这些材料一般超市难以买到，因此本书未使用。

而甜味剂，我使用的是罗汉果代糖，它是一种由罗汉果精华与赤藓糖醇（红酒和蘑菇中含有）制成的甜味料。其本身也含糖，但是它不会导致血糖的上升，因此不计入糖分计量中（可参考厂商说明）。

低糖饮食真的不会发胖吗?

理论上，如果糖分少，即使摄入这些食物，血糖值也不会轻易升高，应该也不会增加体内的脂肪。而实际又是怎样的呢? 本书的编辑、策划、设计、摄影等工作人员都试吃了低糖甜点，结果没有一人因此增加体重。而负责摄影的工作人员平均每天试吃了14~15种甜点。就算每种都只吃一口，总量也是相当大的，但也没有长胖。

所以可以说低糖甜点不会导致血糖值飙升，所以适量摄取不会发胖。当然如果没有节制地大量摄入，我也不能保证不会发胖……

低糖的注意事项

不管糖分多么低，如果暴饮暴食肯定还是会发胖的。吃甜点，建议您一次只吃糖分5g左右的。需要注意的是饮料。很多似乎有益于身体健康的蔬菜汁、牛奶、功能饮料、减肥饮料等，却反而含有大量糖分。所以请一定确认其营养成分后再购买。另外，即使号称零糖分的食品也有部分会使用麦芽糖醇、木糖醇等糖醇，因此也会含有少量糖分，导致血糖上升。您在购买时，确认零糖分的具体成分标示也非常重要。

- 精米、糯米、大米粉、糯米粉、小麦粉

- 细白砂糖、黑糖、蜂蜜

- 加糖酸奶、炼乳、巧克力、鲜奶油（市售品）

- 南瓜、香蕉、玉米、胡萝卜

- 红薯、土豆、山药、葛根粉、淀粉、玉米淀粉

- 银杏、板栗、花生酱、果酱、豆沙馅

- 果实类、干果、水果罐头、果汁类

- 清酒、啤酒、发泡酒、绍兴酒、梅酒、白酒、清凉饮料

- 大豆粉、小麦麸皮、面筋

- 罗汉果代糖、palsweet甜味料

- 芝士、鲜奶油、黄油、原味酸奶

- 鸡蛋

- 黄豆、黄豆制品（豆腐、豆腐渣等）

- 番茄、鳄梨

- 杏仁、南瓜子、松仁、葵花子、芝麻、核桃仁、夏威夷果、花生（无糖）

- 琼脂、明胶

- 香辛料、盐、醋、油脂类（色拉油、芝麻油等）

- 烧酒、伏特加、威士忌、杜松子酒、白兰地、朗姆酒、咖啡、红茶

Part 1

让人气甜点更加
低糖、低热量

奶油满满的裱花蛋糕、蛋糕卷、

松松脆脆的苹果馅饼等,

人气甜点低糖分大胆吃,

下面就来满足你啦!

市售品1块 糖分 **46.5**g
热量 **344**kcal[※]

自制品1/6切块 糖分 **3.8**g
热量 **171**kcal

华丽、松软的成品让人过目不忘

草莓裱花蛋糕

看着材料表上写的芝士片和高筋粉，

是不是有些惊讶呢？

这就是起到黏合作用的材料。

虽用量较少，却正因为有了这两样材料，

才能将蛋糕烤得光滑平整。

因为糖分量少，所以热量较低。

为了追求绵软、入口即化的口感，

会比平时多加一些鸡蛋。

这样就可以做成华丽、

松软的海绵蛋糕了。

材料（直径15cm的圆形，1个的分量）

鸡蛋…3个

牛奶…1大勺

芝士片…1片（18g，一定要选混合干酪型的）

罗汉果代糖（蛋糕用）…45g

A ｜ 高筋粉…10g

｜ 杏仁粉…40g

B ｜ 鲜奶油（乳脂肪含量36%左右）…100mL

｜ 罗汉果代糖（奶油用）…15g

原味酸奶…50mL

草莓…100g

准备

● 鸡蛋提前30min从冰箱取出，将蛋白和蛋黄分开放置。

● 将A提前拌匀。

● 将少许色拉油（分量外）用纸巾薄薄地涂在模具内。在模具内铺上油纸（油纸用市售品即可，见p78）。

薄薄地涂上一层色拉油。

铺上油纸。

● 将烤箱预热至160℃。

※kcal，即千卡，热量单位。为非法定计量单位，考虑到行业惯例，本书予以保留。1kcal=4.1855kJ（千焦）。

海绵蛋糕的做法

1
在耐热碗内放入掰成1～2cm大小的芝士片，再加入牛奶。芝士片会比较容易掰成小块。

6
为均匀打发蛋白，要用左手一边转动容器，一边用打蛋器打发。如图所示，将蛋白打发到可以拉出直立尖角的干性发泡状态。

2
用微波炉加热1.5min，注意不用盖保鲜膜，再用打蛋器快速搅拌至润滑的状态。

7
将1/3打发的蛋白加入**4**的混合液内，用打蛋器搅拌至黏稠状。

3
加入一半的罗汉果代糖（蛋糕用），用打蛋器充分拌匀。

8
将A过筛加入，用打蛋器充分搅拌匀直至粉末状物消失。

4
冷却之后加入蛋黄，并将其搅拌均匀。

9
将剩余的打发的蛋白分两次添加入**8**的面粉中，用橡皮刮刀拌匀。

5
将蛋白放入另一碗内，用打蛋器轻轻搅拌后再将剩余的罗汉果代糖加入。

10
搅拌时要用橡胶刮刀以从外向内的顺序从底部将容器侧面的料翻起，转动手腕。底部的面糊会翻到表面，因此搅拌时不要画圈搅拌，避免消泡。重复此动作时，诀窍在于要迅速搅拌。

11
面糊的颜色变均匀后，倒入模具中。

12
表面刮平，放入160℃的烤箱内烤30min左右。

13
用牙签戳一下，如果牙签上不粘面糊，说明火已入心，此时可以从烤箱取出，放置于金属网上。由于还未完全定型，切勿碰触。

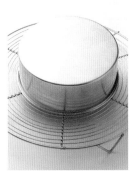

14
待稍微冷却后，将模具倒扣继续冷却。刚出炉时，蛋糕表面会高过模具边缘，稍事冷却后，会稍稍塌陷。为了保持松软的状态，要像戚风蛋糕一样倒扣冷却。

15
冷却一段后，迅速将油纸剥落，裹上保鲜膜，直至完全冷却。

装饰裱花的方法
准备
●草莓准备6个用于装饰，其余的切碎。

1
将海绵蛋糕侧面和底部的油纸迅速剥落。

2
水平方向将蛋糕横切成2片。

3
制作奶油。将B中材料倒入碗内，碗底部浸入冰水内，再将奶油打发。

4
拌匀后加入酸奶继续打发。

5
如图所示，挑起打蛋器，能垂下丝带状面糊即可。

6
在海绵蛋糕的下半部分抹上鲜奶油约1/4的量，再用刮刀抹平。

7
撒上切碎的草莓块。

8
将海绵蛋糕上半部分切面朝下覆盖在草莓上。

9
将部分鲜奶油铺在蛋糕表面。

10
用刮刀将表面抹平，并覆盖住侧面。

11
如图所示，纵向握刀，完整地在周围抹上一圈。

12
接下来横向握刀，上下移动，尽量使奶油厚度均匀。

13
将碗内所剩的鲜奶油用勺子舀起，倒在**12**的正中间，并铺成一个圆形，在其周围均匀地装饰上准备好的6个草莓。也可以再点缀一些欧芹、薄荷叶等做装饰。

装饰水果可以用覆盆子或者蓝莓等代替

一般而言水果是含有很多糖分的。每100g水果中，草莓糖分含量为7.1g，覆盆子为5.5g，蓝莓为9.6g，而与每100g含糖15.2g的葡萄相比，莓类已经算是糖分较少的了。我们可以适量使用。

类似品1块 糖分 **87.8**g
热量 **507**kcal

自制品1/6切块 糖分 **4.1**g
热量 **227**kcal

成人喜爱的可可风味

美式
巧克力蛋糕

制作此款蛋糕，打发鸡蛋是关键。

需要打发至即使一根牙签

插入也不会倒的状态。

这是一款可可味浓郁的蛋糕，

如果您喜欢稍微清淡的味道，

可以尝试将可可粉的量减半。

材料（15cm×10cm，1个的分量=烤盘一盘的分量）

鸡蛋…2个

罗汉果代糖（蛋糕用）…35g

牛奶…2大勺

A | 高筋粉…5g
　 | 杏仁粉…40g
　 | 可可粉（无糖）…10g

色拉油…10g

B | 鲜奶油（乳脂肪含量36%左右）
　 | …200mL
　 | 罗汉果代糖（奶油用）…20g
　 | 可可粉（无糖）…10g

橙子…约80g（1个）

核桃仁…5g

准备

● 鸡蛋提前30min从冰箱取出。

● 将A提前拌匀。

● 在烤盘上铺上油纸，油纸可以剪得稍大些，四周折2cm左右，用订书机固定四角，做成一个模具。

● 烤箱预热至180℃。

做法

1 将鸡蛋打入碗内，加入罗汉果代糖（蛋糕用），用打蛋器打发。最开始的2min要将碗底浸入热水中，进行打发。

2 热水温度接近体温时，将热水移开，将蛋液打发至将一根牙签插入而不倒的状态。

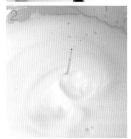

3 将牛奶经橡皮刮刀倒入碗内，再迅速从底部搅拌混合。注意避免混入粉类杂物。

4 将A过筛放入，充分拌匀至粉状颗粒消失，再浇入色拉油拌匀。

5 倒入烤盘，放入180℃的烤箱烤10~15min。

6 取出蛋糕，放置于金属网上冷却。至可以触碰的温度后，和油纸一起裹上保鲜膜，直至完全冷却。

7 将橙子用刀削皮，果肉切成小块。核桃仁低火烤5min左右，再切成1cm大小的小块。

8 将海绵蛋糕的油纸迅速剥落，十字形切成4等份。

9 将B的罗汉果代糖与可可粉倒入碗内，搅拌，浇入鲜奶油，再将碗底浸于冰水内，打发奶油。

10 在**8**切分好的海绵蛋糕上涂上部分打发的奶油，再将剩余的奶油继续抹于表面，最后将橙子和核桃仁装饰在上面。如果有的话，可以再用薄荷叶加以点缀。

类似品1块 糖分 **34.7**g
热量 **442**kcal

自制品1/6切块 糖分 **2.2**g
热量 **151**kcal

茶味浓郁的
日本茶年轮蛋糕

这里用的不是抹茶，

而是将茶叶磨成粉末的茶粉。

用杏仁粉做的蛋糕坯在卷曲时容易破裂，

但是由于茶粉有黏性，所以不会断裂。

卷好后放入冰箱冷藏期间，

蛋糕坯与奶油慢慢相溶，

即使出现小小的龟裂，

也可以看作是蛋糕出现的表情哦。

注意卷的时候不要过分用力，可以稍微卷松一点。

材料（长度25cm，1个的分量）

鸡蛋…2个

牛奶…1大勺

芝士片…1片（18g）

罗汉果代糖（蛋糕用）…40g

A	高筋粉…10g
	杏仁粉…40g
	茶粉…1大勺（5g）

B	鲜奶油（乳脂肪含量36%左右）
	…100mL
	罗汉果代糖（奶油用）…10g
	茶粉…1大勺（5g）

材料备注

茶粉

日本茶叶磨成的粉末。进口超市有售，相比抹茶便宜又好用。

准备

● 鸡蛋提前30min从冰箱取出，将蛋白和蛋黄分开放置。

● 将A提前拌匀。

● 烤箱预热至180℃。

海绵蛋糕的做法

1

在烤盘上铺上油纸，油纸可以剪得稍大些，四周折起，用订书机固定四角，做成一个模具。

2

将芝士片掰成1~2cm大小的小块放入耐热碗内，倒入牛奶。不加保鲜膜，在微波炉内加热1.5min。

3

用打蛋器将芝士搅拌至均匀溶化。

4

加入一半分量的罗汉果代糖（蛋糕用），搅拌均匀，冷却至体温后加入蛋黄，再次拌匀。

5

蛋白用打蛋器轻打之后，加入剩余的罗汉果代糖，打发到可以拉出直立尖角的干性发泡状态。将1/3的量加入**4**的蛋黄液内，用打蛋器搅拌至黏稠状。

6

将A过筛加入**5**的蛋液内，用打蛋器搅拌至无粉末状物体残留。

7

将剩下的蛋白分两次加入面糊中，用橡皮刮刀翻拌，注意防止消泡。

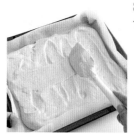

8

倒入烤盘，将表面抹平。

9

放入180℃的烤箱烤10~15min，手拿油纸将其取出，放置在金属网上冷却。冷却至可以用手触碰的温度时，和油纸一起裹上一层保鲜膜，至完全冷却。

装饰裱花的方法

1

将蛋糕坯接触烤盘的一面朝上，去除油纸，垫在蛋糕坯下面。用刀在距内侧（即步骤**5**中开始卷起的一侧）边缘2cm和4cm的位置各划一条直线。

2

往碗内加入B的罗汉果代糖和茶粉，再加入鲜奶油。

3

将碗底浸入冰水内，打发茶粉糊（八分打发）。

4

将茶粉糊涂抹于表面，外侧留2cm左右不涂抹。内侧可以稍微涂厚一些。

5

将内侧的蛋糕坯与油纸一起往上卷。

6

在冰箱放置5min以上，用过了一遍热水还沾着水的刀将其切成6等份。

类似品1块	糖分 **149.8**g		自制品1/6切块	糖分 **4.6**g
	热量 **472**kcal			热量 **274**kcal

馅饼的浓香+奶油的润滑

苹果杏仁奶油馅饼

不使用小麦粉的馅饼坯容易破裂，
有些难以处理。不过即使发生破裂，
可以用玩黏土的方法，
用手指把它们捏紧就可以了。
因为要烤出松软的口感，
所以馅饼会有些脆弱哦。

材料（直径15cm的馅饼，1个的分量）

鸡蛋…2个

〈馅饼坯〉

黄油（无盐）…45g

罗汉果代糖…5g

盐…少许

A ┃ 高野豆腐粉（见p76）或者黄豆粉…20g
　┃ 杏仁粉…35g

〈馅〉

苹果…净重150g

红酒…2大勺

黄油（无盐）…10g

罗汉果代糖…40g

鲜奶油（乳脂肪含量36%左右）…60mL

杏仁粉…60g

杏仁片…5g

准备

● 黄油提前30min从冰箱取出，切成
　1.5cm大小的小块。

● 将A提前拌匀。

● 在模具内涂上一层薄薄的黄油（分量
　外），在冰箱冷藏。

● 开始做馅时，烤箱开始预热至170℃。

※苹果是带皮的，如果不喜欢可以削皮。

馅饼坯的做法

1
在黄油上裹上一层保鲜膜，用手指往下按，到出现凹陷的状态时再用橡皮刮刀搅拌。

2
搅拌成奶油状后加入罗汉果代糖和盐，再搅拌均匀。

3
将鸡蛋搅拌后，加入2大勺至**2**的材料中，搅拌均匀。

4
将A过筛加入。

5
用橡皮刮刀充分搅拌。

6

因为 **5** 的面糊会很软，可以揉成一块，用保鲜膜包裹，放置于冰箱冷藏15min左右。

7

用2张比模具稍大的保鲜膜将 **6** 的面团夹在中间，再用擀面杖将面团擀薄，大小略大于模具。

8

揭掉上方的保鲜膜，倒扣在模具上，用手指从保鲜膜外部按压使之与模具贴合。如果发生破裂，可以用手指捏合。

9

铺满模具后揭除保鲜膜，使之与模具紧密贴合（多余的部分可用刀刮落），放入冰箱冷藏。

做馅，以及完成步骤

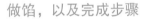

1

将苹果切成6~7mm厚的木梳状，与红酒一起放入平底锅内，上盖蒸5min左右。苹果变软后，揭开锅盖，加入黄油一起煮，再放置冷却。

2

将馅饼坯步骤 **3** 所剩的鸡蛋用打蛋器搅拌，加入罗汉果代糖。搅拌至润滑均匀，再加入鲜奶油继续搅拌。杏仁粉过筛加入，搅拌至柔滑的糊状。

3

倒入贴在模具上的馅饼坯内，铺上苹果，撒上杏仁片。放入170℃的烤箱中烤30~40min，取出后连模具一起置于金属网上，待冷却后再脱模。

微苦的魅力风味，滑润的美好口感

法式巧克力蛋糕

使用罗汉果代糖的烘焙甜点

很容易变得干燥。

趁着带热气时用保鲜膜包裹住等它慢慢冷却，

可以防止湿气的流失，

这是保持滑润口感的重要诀窍哦。

您还可以根据您的口味添加奶油一起品尝哦。

材料（直径15cm的圆形模具，1个的分量）

A 蛋黄…2个
  罗汉果代糖…40g

黄油（无盐）…40g

B 蛋白…2个蛋的量
  罗汉果代糖…20g

牛奶…2大勺

C 可可粉（无糖）…40g
  杏仁粉…20g

鲜奶油（乳脂肪含量36%左右）…100mL

朗姆酒…1大勺

准备

● 鸡蛋提前30min从冰箱取出，将蛋白和蛋黄分开放置。

● 将C提前拌匀。

● 将黄油用微波炉或者隔水加热熔化。

● 将少许色拉油（分量外）用纸巾薄薄地涂在模具内，在模具内铺上油纸（见p10）。

● 烤箱预热至170℃。

做法

1 往A的蛋黄内加入罗汉果代糖，拌至柔滑无颗粒感时按顺序加入熔化的黄油、牛奶、鲜奶油、朗姆酒，用打蛋器搅拌至柔滑均匀。

2 在B的蛋白内加入罗汉果代糖，将蛋白打发到可以拉出直立尖角的干性发泡状态。往1内加入1/3的量，拌匀。

3 将C过筛加入1中，充分搅拌至无粉末状。

4 将2中剩下的蛋糊分两次添加入1中，用橡皮刮刀从碗底向上翻拌，注意要防止消泡。

5 倒入模具，注意表面平整，放入170℃烤箱烤制25~30min。

6 插入牙签，如果没有湿面糊粘在表面，就取出模具置于金属网上冷却。冷却至手可以触摸的温度，和油纸一同取出，用保鲜膜包裹直至冷却。

类似品1块 糖分 **25.8**g
热量 **220**kcal

自制品1/6切块 糖分 **2.2**g
热量 **185**kcal

量少却充满香蕉风味的

香蕉面包

原本是需要用很多黄油的一种面包，

通过将一部分黄油换成混合干酪，

就达到了低糖分且控制热量的目的。

滑润柔软，是一款适合当早餐的烘焙甜点哦。

准备

1

材料（18cm×8cm×6cm的磅模，1个的分量）

鸡蛋…2个

黄油（无盐）…50g

核桃仁…30g

芝士片…2片（36g）

香蕉…约80g（1小根）

豆腐渣…50g

罗汉果代糖…30g

A（罗汉果代糖…20g）

B | 高筋粉…5g
  | 杏仁粉…35g
  | 可可粉（无糖）…10g
  | 泡打粉…5g

准备

● 鸡蛋提前30min从冰箱取出，将蛋白和蛋黄分开放置。

● 核桃切成1cm左右的小块。

● 烤箱预热至160℃。

● 将少许色拉油（分量外）用纸巾薄薄地涂在模具内，在模具内铺上油纸（见p10）。

做法

1 用保鲜膜包裹住黄油，用手按压至软。

2 将芝士片和香蕉（去皮）掰成2cm左右的小块放入耐热碗内，用微波炉加热1.5min。

3 用打蛋器迅速搅拌均匀，立即加入豆腐渣，用力搅拌直至冷却至体温。

4 加入黄油、蛋黄、罗汉果代糖，用打蛋器充分搅拌。

5 蛋白用打蛋器轻轻搅拌后加入A，将蛋白打发到可以拉出直立尖角的干性发泡状态。往4的蛋液内加入1/3的量，再用打蛋器充分搅拌均匀。

6 将B过筛加入4，搅拌至无粉末状，再加入核桃仁搅拌均匀。

7 将5中剩下的蛋白分两次加入，用橡皮刮刀模仿切的动作快速翻拌，防止消泡。

8 倒入模具内，注意表面平整。放入160℃烤箱烤制45min左右。插入竹签，如果没有粘上湿面糊则烤制完成。取出模具置于金属网上，稍事冷却后和油纸一同取出，包裹上保鲜膜直至完全冷却。

2

3

4

6

类似品1块 糖分 **37.6**g 自制品1/6切块 糖分 **4.8**g

热量 **339**kcal 热量 **212**kcal

类似品1块 糖分 **15.7**g
热量 **297**kcal

自制品1/6切块 糖分 **4.8**g
热量 **167**kcal

弥漫着黄豆粉清香的轻型烘焙甜点

大理石花纹蛋糕

重油蛋糕需要用很多黄油才能做成。

而换成酸奶,

则可以达到控制热量的目的。

黄油则只是为了增香而使用最少的量。

酸奶的酸味不会残留于成品里,

还可以品尝到可可粉与原味酸奶的不同口感哦。

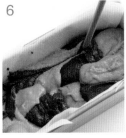

材料（18cm×8cm×6cm的磅模，1个的分量）

鸡蛋…2个

罗汉果代糖…50g

原味酸奶…100mL

黄油（无盐）…10g

A | 黄豆粉…70g
  | 杏仁粉…50g
  | 高筋粉…10g
  | 泡打粉…5g

可可粉（无糖）…10g

准备

● 鸡蛋提前30min从冰箱取出。

● 将少许色拉油（分量外）用纸巾薄薄地涂在模具内，在模具内铺上油纸（见p10）。

● 黄油用微波炉或者隔热水熔化。

● 将A提前拌匀。

● 烤箱预热至160℃。

做法

1 将鸡蛋打入碗内，用打蛋器轻轻搅拌后加入罗汉果代糖，搅拌均匀。

2 加入原味酸奶和熔化的黄油，充分搅拌。

3 将A过筛加入，用打蛋器充分搅拌至无粉末状。

4 将 **3** 的1/3的量放入另一碗中，可可粉过筛加入并充分搅拌。

5 将 **3** 的原味酸奶糊与 **4** 的可可粉糊用勺子交替舀入模具内。

6 用筷子搅拌，放入160℃的烤箱烤制40min左右。插入牙签，如果没有粘上湿面糊则表明烤制完成。和油纸一起取出，置于金属网上，冷却至手可以碰触的温度时用保鲜膜包裹住至完全冷却。

尽管用您喜欢的香料

香料戚风蛋糕

烤制过程中看看烤箱内的情况，

您一定会对高高膨起甚至超过了磅模的烤制品咂舌，

而模具中哪怕是小小的粉末，

也会嘭嘭嘭地不断往上蹿，

真是膨松酥软呀。

2

4

材料（18cm×8cm×6cm的磅模，1个的分量）

鸡蛋…2个

罗汉果代糖…20g

牛奶…2大勺

色拉油…30g

A | 可可粉（无糖）…1小勺（3g）

黄豆粉…40g

泡打粉…1小勺（3g）

香芹籽…1/2大勺（3g）

B（罗汉果代糖…30g）

准备

● 鸡蛋提前30min从冰箱取出，将蛋白和蛋黄分开放置。

● 将A提前拌匀。

● 烤箱预热至170℃。

● 模具内不涂油，仅在底部铺上油纸。

做法

1 碗内加入蛋黄和罗汉果代糖（20g），用打蛋器搅拌。

2 搅拌均匀后，按顺序加入牛奶、色拉油，用打蛋器充分搅拌，防止油分离。

3 蛋白内加入B，打发到可以拉出直立尖角的干性发泡状态。

4 在2内加入3的1/3的量，用打蛋器充分拌匀。

5 将A过筛加入4，再加入香芹籽，用打蛋器充分搅拌至无粉末状。

6 将剩下的3中的蛋白分两次加入，用橡皮刮刀从碗底向上翻拌材料，模仿切的动作充分翻拌，注意防止消泡。

7 倒入模具内，注意表面平整。

8 放入170℃烤箱烤制30~35min。

9 将模具四角分别搁置于杯沿上，倒置冷却。用刀插入模具与蛋糕间的缝隙内转一整圈，将蛋糕取出，并剥离油纸。保存时用保鲜膜包裹住，防止干燥。

5

7

9

类似品1块 糖分 **27.0**g 自制品1/6切块 糖分 **1.7**g

热量 **301**kcal 热量 **110**kcal

加上酸奶风味更清新
烤芝士蛋糕

用除去水分的酸奶替代鲜奶油，

达到了低热量的效果。

因为此款蛋糕属于水分偏多的蛋糕，

烤好后很容易碎裂，

所以请务必置于模具内冷却，并用冰箱冷藏。

等充分冷藏后，

再从模具内取出来慢慢品味吧！

材料（直径15cm的圆形模具，1个的分量）

原味酸奶…200mL

奶油芝士…200g

罗汉果代糖…50g

鸡蛋…1个

蛋黄…1个

杏仁粉…20g

准备

● 在容器上铺上一层干净的厚无纺布，倒
入酸奶，放置2h左右去除水分。

去水后，只剩100~120g。

● 鸡蛋提前30min从冰箱取出。

● 将少许色拉油（分量外）用纸巾薄薄地涂
在模具内，在模具内铺上油纸（见p10）。

● 烤箱预热至170℃。

做法

1 奶油芝士用微波炉加热40s左右后软
化，用打蛋器充分搅拌至柔滑的状态。

2 加入罗汉果代糖，充分搅拌均匀。

3 加入鸡蛋、蛋黄，搅拌均匀。

4 过筛加入杏仁粉，再充分搅拌至无粉末
状。

5 加入酸奶后，充分拌匀，再倒入模具
内，注意表面平整。

6 放入170℃的烤箱烤制40min左右，连
同模具一起置于金属网上冷却至室温。
放入冰箱冷藏3h左右，取出油纸脱模。

类似品1块 糖分 **17.7**g
热量 **370**kcal

自制品1/6切块 糖分 **2.6**g
热量 **184**kcal

类似品1块 糖分 **14.0**g   自制品1/6切块 糖分 **2.1**g
热量 **227**kcal   热量 **154**kcal

 入口即化如泡泡般松软的

舒芙蕾芝士蛋糕

通过将一部分芝士换成豆腐，

达到减糖分控制热量的目的。

不过芝士的风味还是会伴着入口即化的

口感蔓延于唇齿之间。冷却需要一定的时间。

静静等待，防止它烤焦，小心脱模，防止它碎裂哦。

材料（直径15cm的圆形模具，1个的分量）

木棉豆腐…200g

鸡蛋…2个

奶油芝士…100g

黄油（无盐）…30g

罗汉果代糖…30g

高筋粉…10g

A（罗汉果代糖…25g）

准备

● 鸡蛋提前30min从冰箱取出，将蛋白和
蛋黄分开放置。

● 黄油用微波炉或者隔热水软化。

● 将少许色拉油（分量外）薄薄地涂在模
具内，在模具内铺上油纸（见p10）。

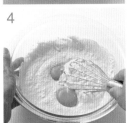

因为蛋糕偏软，所以在底部事先铺上
一条带状的油纸，方便脱模。

● 烤箱预热至160℃。

做法

1 将豆腐放入耐热盘中用微波炉加热
3min，取出后放上500g左右的重物（盘
子等），去水分至豆腐重150g左右，用
筛网过滤。

2 奶油芝士用微波炉加热40s左右，用打
蛋器充分搅拌至奶油状后，加入软化的
黄油和罗汉果代糖，再充分拌匀。

3 加入**1**中的豆腐搅拌。

4 加入蛋黄搅拌。

5 高筋粉过筛加入，充分搅拌至无粉末状。

6 在另外的碗内加入蛋白，用打蛋器轻轻
搅拌后加入A，打发到可以拉出直立尖
角的干性发泡状态。分两次加入**5**内，
再用橡皮刮刀模仿切的动作翻拌，防止
消泡。最后倒入模具内。

7 将模具放入烤盘（如果没有的话直接放
入烤箱也可以），烤盘内注入深2cm左
右的热水。将烤盘放入160℃的烤箱中
烤制1h左右，连同模具一起置于金属
网上冷却至室温。放入冰箱冷藏4h左
右，取出油纸脱模。

芝士是低糖分食材，所以即使是糖分高的水果，如果用量加以控制，也可以搭配使用芝士，可以使作品拥有丰富的风味。接下来为您介绍几款芝士与水果、南瓜组合而成的风味蛋糕。

专栏小知识 芝士蛋糕

风味浓郁令人超级满足的

香蕉芝士蛋糕

提到糖分，必须控制的水果排在首位的就是香蕉。

这一次我们仅仅用一根，也算是允许范围内。

香蕉加热以后再加入，这款甜点会让你觉得简直像在吃香蕉一样，

香味浓郁，也许你会情不自禁地感叹道，哇，我吃了香蕉！

这款也需要冰箱冷藏后再切分哦。

材料 (直径15cm的圆形模具，1个的分量)

香蕉…约80g (1小根)

奶油芝士…150g

木棉豆腐…50g

鲜奶油 (乳脂肪含量36%左右)…50mL

鸡蛋…1个

罗汉果代糖…40g

杏仁粉…10g

准备

● 鸡蛋提前30min从冰箱取出。

● 将少许色拉油 (分量外) 薄薄地涂在模具内，在模具内铺上油纸 (见p10)。

● 烤箱预热至170℃。

做法

1 将香蕉去皮后掰碎放入耐热碗中，不用保鲜膜放入微波炉加热1.5min，再用橡皮刮刀捣碎。

2 豆腐用滤网滤碎 (口感会更好)。

3 奶油芝士用微波炉加热30s之后软化，加入 **1** 内。再加入罗汉果代糖，用打蛋器搅拌均匀。

4 加入 **2** 搅拌。

5 杏仁粉过筛加入，搅拌至无粉末状。

6 按顺序分别加入鸡蛋、鲜奶油，充分搅拌均匀，倒入模具内。

7 放入170℃的烤箱烤制35~45min，连同模具一起置于金属网上冷却至室温。放入冰箱冷藏3h以上，取出油纸脱模，再剥落油纸切分蛋糕。

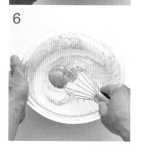

类似品1块 糖分 **28.0**g
热量 **340**kcal

自制品1/6切块 糖分 **3.6**g
热量 **157**kcal

类似品1块 糖分 **25.1**g
热量 **302**kcal

自制品1/6切块 糖分 **4.1**g
热量 **136**kcal

南瓜的风味因为芝士的加入而更加浓郁

南瓜芝士蛋糕

材料（直径15cm的圆形模具，1个的分量）

南瓜…100g

松软干酪（过筛型）…200g

鸡蛋…2个

鲜奶油（乳脂肪含量36%左右）…100mL

罗汉果代糖…45g

柠檬汁…1小勺

准备

● 鸡蛋提前30min从冰箱取出。

● 将少许色拉油（分量外）薄薄地涂在模具内，在模具内铺上油纸（见p10）。

● 烤箱预热至170℃。

1

做法

1 将南瓜切成2cm左右的小块，用保鲜膜包裹着在微波炉内加热2~3min软化。静待冷却后，用手隔着保鲜膜揉碎南瓜。

2 在碗内加入松软干酪、南瓜、柠檬汁，用打蛋器充分搅拌，再加入罗汉果代糖搅拌至柔滑的状态。

3 按顺序加入鸡蛋、鲜奶油，搅拌均匀。

4 倒入模具内，注意表面平整，放入170℃的烤箱烤制35~45min。与模具一起置于金属网上冷却至室温，放入冰箱冷藏3h以上。取出油纸脱模，剥落油纸切分蛋糕。

专栏小知识 芝士蛋糕

南瓜糖分多，少量使用还是无妨的。

与百搭的松软干酪的搭配实现了低热量的要求。

如果买不到过筛型的，就用普通型的。

将所有的材料放入料理机内充分搅拌就可以了。

类似品1个 糖分 **16.6**g
热量 **186**kcal

自制品1个 糖分 **4.1**g
热量 **143**kcal

趁热品尝更加美味的
蜜橘芝士蛋糕

材料（容量150mL的陶罐，4个的分量）

蜜橘…约100g（1个大的）

奶油芝士…100g

鸡蛋…1个

原味酸奶…50mL

罗汉果代糖…30g

杏仁粉…10g

准备

● 鸡蛋提前30min从冰箱取出。

● 在陶罐内涂上一层色拉油（分量外）。

● 烤箱预热至170℃。

做法

1 蜜橘剥皮去筋，切4片圆片用于装饰，其余的切碎备用。

2 奶油芝士用微波炉加热30s左右软化，用打蛋器充分搅拌。加入罗汉果代糖，搅拌均匀。

3 按顺序加入鸡蛋、酸奶，杏仁粉过筛加入。充分搅拌均匀后，加入切碎的蜜橘。

4 倒入陶罐内，放入蜜橘圆片。摆入烤箱上层，170℃烤制20min，全部松软时即可。

专栏小知识 芝士蛋糕

冷藏之后食用当然也很美味，
不过寒冷季节里推荐您趁热食用这款美味哦。
入口即化的芝士与蜜橘的微酸保证让你入口不忘。
还特别向成年人推荐刚出炉时
洒上少许白兰地的吃法哦。

Part2
一口享受松软的烘焙甜点

说到低糖分的甜点,

不用面粉和白砂糖要怎么做呢?

大家会常常有这种疑惑吧, 这个问题就交给我解决吧!

保证您能品尝到滑润松软的烘焙甜点。

材料（直径2.5cm, 48个的分量）

黄油（无盐）…80g

蛋黄…1个

罗汉果代糖…45g

A｜高野豆腐粉（见p76）…50g

　｜杏仁粉…40g

　｜高筋粉…10g

红茶茶包… 1个（2g）

茶粉（见p17）… 1 小勺

准备

● 黄油提前30min从冰箱取出。

● 将A提前拌匀。

● 切面团前烤箱预热至170℃。

做法

1 黄油倒入碗内, 用橡皮刮刀拌成奶油状, 加入罗汉果代糖, 再搅拌至无颗粒状。

2 加入蛋黄, 搅拌均匀。

3 A过筛加入, 搅拌至柔滑状态。

4 分成3等份, 其中一份保持原状, 第二份加入红茶叶, 第三份加入茶粉, 再分别揉匀。

5 揉成侧面直径2.5cm、长12cm的棒状, 分别包裹上保鲜膜, 放冰箱冷冻30min。

6 去除保鲜膜, 切成厚6mm的圆形面块（虽然容易碎裂, 但也方便用手指调整形状。）

7 在烤盘上铺上油纸, 摆成4行6列, 烤箱170℃烤12min左右。取出烤盘自然冷却, 至手可以触摸的温度时, 转至金属网上干燥。冷却之后与干燥剂一同放入密封容器中保存, 以免湿气进入。

类似品1个 糖分 **7.0**g

热量 **61**kcal

自制品1个 糖分 **0.26**g

热量 **26**kcal

＊红茶和茶粉使用量都较少，它们本身糖分和热量也都接近于零，因此三种蛋糕所含能量应该没什么差异。

茶粉

和饮料一同享用吧!

三种味道的油酥蛋糕

这是一款酥软的油酥蛋糕。

如果觉得捣碎高野豆腐比较麻烦的话，

用黄豆粉也可以，

就是整体糖分会增加5g左右。

另外还非常推荐您尝试一下可可或者咖啡味哦。

红茶

原味

类似品1个 糖分 **9.6**g

热量 **55**kcal

自制品1个 糖分 **0.64**g

热量 **27**kcal

材料 (直径3cm, 30个的分量)

黄油 (无盐)…50g

蛋黄… 1个

罗汉果代糖…45g

豆腐渣…75g

A | 黄豆粉…50g

高筋粉…10g

泡打粉…1小勺 (3g)

姜粉…1/2小勺 (2g)

准备

● 黄油提前30min从冰箱取出,室温放置。

● 将A提前拌好。

● 烤箱预热至170℃。

做法

1 黄油倒入碗中,用橡皮刮刀拌成奶油状。加入罗汉果代糖,搅拌至无颗粒状,再加入蛋黄搅拌均匀。

2 加入豆腐渣,A过筛加入后再加入姜粉,用橡皮刮刀搅拌至柔滑状态。

3 用手捏成直径2cm左右的球形面团,再用手指轻压按平,摆放在铺了油纸的烤盘上。

4 放入170℃的烤箱烤制15min左右,将烤盘取出自然冷却,至手可以触摸的温度时转至金属网上干燥。保存时,要等冷却后与干燥剂一起放入密封容器中,防止湿气进入。

一定要配着红茶吃哟!

生姜软曲奇

这是一款酥软朴素的曲奇。
微甜的口感中渗出生姜清爽的辣味,
真是令人难以忘怀。

类似品1个 糖分 **9.4**g
热量 **65**kcal

自制品1个 糖分 **0.25**g
热量 **44**kcal

材料（直径5cm，20个的分量）

蛋白…1个蛋的量

罗汉果代糖…50g

A 杏仁粉…30g
　黑芝麻粉…20g
　松仁…30g

核桃仁…50g

准备

● 烤箱预热至150℃。

做法

1 将核桃仁切成1cm左右的小块。

2 碗内倒入蛋白，用打蛋器轻轻搅拌，再加入罗汉果代糖，搅拌至无颗粒状。

3 加入A与核桃仁，搅拌至滑润的状态。

4 将面糊一大勺一大勺地倒在铺了油纸的烤盘上，用手指轻压按平。

5 放入150℃的烤箱烤制25min左右，取出烤盘自然冷却，至手可以触摸的温度时转至金属网上干燥。保存时，需待冷却后与干燥剂一同放入密封容器内，防止湿气进入。

口感香脆外形质朴的烘焙甜点

坚果黑芝麻脆饼

法语取名为"咔哧咔哧"的一款烘焙甜点。
这款香脆的曲奇吃起来就像是在直接吃坚果一般。
"嚼"这个动作本来就可以让人缓解紧张和压力。
在咔哧咔哧的咀嚼过程中，
减肥的压力也会慢慢减少吧，不是吗？

类似品1人份	糖分 **19.4**g		自制品2切块	糖分 **2.5**g
	热量 **235**kcal			热量 **172**kcal

材料 (18cm方形模具，1个的分量)

核桃仁…50g

黄油（无盐）…60g

鸡蛋…2个

罗汉果代糖…50g

牛奶…2大勺

A | 可可粉（无糖）…35g
| 杏仁粉…40g
| 高筋粉…10g
| 泡打粉… 1小勺（3g）

准备

● 黄油、鸡蛋、牛奶提前30min从冰箱取出，室温放置。

● A提前拌好。

● 将少许色拉油（分量外）薄薄地涂在模具内，在模具内铺上油纸（见p10）。

● 烤箱预热至170℃。

做法

1 将核桃仁切成1~2cm大小的小块。

2 将黄油倒入碗内，用打蛋器打发。再加入罗汉果代糖，搅拌至无颗粒状。

3 鸡蛋打散，一点点加入 **2** 中，再加入牛奶搅拌均匀。

4 将A过筛加入，再加入核桃仁，用橡皮刮刀仔细翻拌至无粉末状。

5 倒入模具内，注意表面平整。放入170℃的烤箱烤制25min。再与模具一起置于金属网上冷却，至手可以触摸的温度时，手握油纸脱模。再包裹上保鲜膜冷却，最后切成16等份即可。

与香脆的核桃仁也很搭的

布朗尼

滑润浓重的口感，甚至会让您有"这也是低糖分？"的疑问。

由于甜味得到了控制，也很适合作为早、午餐享用哦。

配上奶油也非常美味呢！

类似品1人份	糖分 **21.6**g		自制品2根	糖分 **1.6**g
	热量 **214**kcal			热量 **137**kcal

材料（18cm的方形模具，1个的分量）

核桃仁…30g

混合干酪…100g

鲜奶油（乳脂肪含量36%左右）…50mL

豆腐渣…25g

鸡蛋…1个

罗汉果代糖…50g

A ┃ 可可粉（无糖）…25g
  ┃ 黄豆粉…20g

杏仁片…20g

松仁…20g

准备

● 鸡蛋提前30min从冰箱取出。

● 将A提前拌匀。

● 将少许色拉油（分量外）薄薄地涂在模
  具内，在模具内铺上油纸（见p10）。

● 烤箱预热至160℃。

满满的都是坚果味

巧克力坚果酥

芝士的咸味让可可和鲜奶油淡淡的甜味更加凸显，
是一款滑润酥软的巧克力酥。
坚果别忘了用原味的哦。

做法

1 核桃仁切成1~2cm大小的小块。

2 将切成2cm左右的干酪和鲜奶油加至耐
  热碗内，不加保鲜膜在微波炉内加热
  2min，再用打蛋器迅速搅拌至平滑状。

3 加入罗汉果代糖搅拌至无颗粒状，再加
  入豆腐渣充分搅拌。

4 将鸡蛋打散后加入，再充分拌匀。

5 将A过筛加入，再加入核桃仁、杏仁片、
  松仁，用力搅拌至无粉末状。接着倒入
  模具内，注意表面平整。

6 放入160℃的烤箱烤制20min，与模具
  一起置于金属网上冷却，至手可以触摸
  的温度时手握油纸脱模。再用保鲜膜包
  裹直至冷却。横着对半切后再切成18
  根宽2cm的条状。

类似品1人份 糖分 **11.7**g
热量 **219**kcal

自制品3切块 糖分 **1.3**g
热量 **93**kcal

材料（18cm×8cm×6cm的磅模，1个的分量）

鸡蛋…1个

蛋黄…1个

罗汉果代糖…50g

A｜可可粉（无糖）…20g
　｜高筋粉…5g

黄油（无盐）…30g

鲜奶油（乳脂肪含量36%左右）…50mL

朗姆酒…1/2大勺

准备

◎鸡蛋提前30min从冰箱取出，室温放置。

◎黄油用微波炉或者隔热水软化。

◎将A提前拌匀。

◎将少许色拉油（分量外）薄薄地涂在模具内，在模具内铺上油纸（见p10）。

◎烤箱预热至160℃。

做法

1 将鸡蛋和蛋黄倒入碗内，用打蛋器搅拌，再加入罗汉果代糖搅拌至平滑状。

2 A过筛加入，用打蛋器充分搅拌至无粉末状。

3 按顺序加入软化的黄油、鲜奶油、朗姆酒，拌匀后倒入模具内，注意表面平整。

4 烤箱160℃烤制15min，至表面干燥膨起，则烤制成功。

5 与模具一起置于金属网上至完全冷却，再放入冰箱冷藏2h以上。手握油纸脱模，竖切成3等份后再分别切成7等份即可。

朗姆酒风味突出的

生巧克力迷你蛋糕

要保持中心部分黏稠的状态，
不要过度烤制是关键。
只要表面膨起来就可以从烤箱取出了。

类似品1个	糖分 **13.4**g		自制品1个	糖分 **1.5**g
	热量 **110**kcal			热量 **80**kcal

材料（贝壳模具，6个的分量）

鸡蛋…1个

罗汉果代糖…20g

蜂蜜…5g

A │ 黄豆粉…20g
　│ 杏仁粉…10g
　│ 泡打粉…2/3小勺（2g）

黄油（无盐）…30g

准备

● 鸡蛋提前30min从冰箱取出，室温放置。

● 将A提前拌匀。

● 黄油用微波炉或者隔热水软化。

● 模具内用毛刷薄薄地刷上一层黄油（分量外）。

● 面糊倒入模具后，烤箱开始预热至170℃。

准备

做法

1 在碗内将鸡蛋打散，加入罗汉果代糖和蜂蜜，用打蛋器搅拌至无颗粒状。

2 A过筛加入，充分搅拌至无粉末状。

3 加入软化的黄油，充分搅拌至柔滑的状态。

4 倒入模具内，放置15min左右（让泡打粉充分发挥作用，可以烤得更加松软）。

5 放入170℃的烤箱烤制12min，再脱模置于金属网上，冷却一段后用保鲜膜包裹住保存。

黄豆粉风味芬芳浓郁的
玛德琳贝壳蛋糕

仅用少量的蜂蜜却增香不少的甜点。

类似品1个 糖分 **8.0**g
热量 **267**kcal

自制品1个 糖分 **1.7**g
热量 **120**kcal

材料（法式蛋糕模具，8个的分量）

黄油（无盐）…50g

蛋白…2个蛋的量

罗汉果代糖…30g

蜂蜜…10g

白芝麻酱…30g

杏仁粉…50g

准备

● 模具内涂上一层薄薄的黄油（分量外），
再撒上一层薄薄的杏仁粉（分量外），用
毛刷刷去多余的。

● 烤箱预热至170℃。

准备

做法

1 将黄油放入小奶锅内中火加热，摇晃使
之溶化，稍微变色后将火关掉，并置于
湿毛巾上冷却。

2 碗内加入蛋白用打蛋器轻轻搅拌，再加
入罗汉果代糖和蜂蜜，搅拌至无颗粒状。

3 加入白芝麻酱并搅拌，杏仁粉过筛加
入，充分搅拌至无粉末状。

4 将 **1** 中的黄油加入 **3** 的酱中，充分搅拌
至柔滑状。

5 将 **4** 用勺子舀入置于烤盘上的模具内，
放入170℃的烤箱烤制12min。脱模后
置于金属网上，冷却一段后用保鲜膜包
裹住保存。

焦香黄油味浓厚的

法式蛋糕

＊

微焦的黄油令坚果的香味更加凸显。
完全冷却后的甜味着实美味哦！

味道微甜，可以充分品味红豆的风味

红豆玛芬

为了能品味到红豆自然的香甜，特意控制了甜味。

如果有时间的话自己煮红豆会更加美味哦。

用面包机稍微加热，再蘸上一点黄油……

作为早餐也非常合适呢！

材料（直径5cm的纸杯，8个的分量）

豆腐渣…80g

黄油（无盐）…75g

鸡蛋…2个

罗汉果代糖…50g

A │ 杏仁粉…35g

　　│ 泡打粉…1小勺（3g）

煮好的红豆（无糖）…100g

准备

● 黄油、鸡蛋提前30min从冰箱取出，室温放置。

● 烤箱预热至170℃。

做法

1 在耐热盘上铺上豆腐渣，不包保鲜膜在微波炉内加热3min左右。用筷子迅速搅拌，静置冷却，并除去多余的水分。80g豆腐渣冷却后会变成60g左右。

2 黄油放入碗内用打蛋器搅拌至平滑的状态，加入罗汉果代糖搅拌至无颗粒状。

3 鸡蛋打散，一点点加入**2**的黄油内，搅拌均匀，再加入**1**的豆腐渣进行搅拌。

4 A过筛加入，再加入红豆，用橡皮刮刀充分搅拌至无粉末状。

5 将**4**中的材料用勺子舀入纸杯中，至八九分满的状态，放入170℃的烤箱烤制20min左右。插入牙签，如果没有粘上湿面糊，则可以取出。稍事冷却后，用保鲜膜包裹住保存。

类似品1个 糖分 **23.6**g

热量 **213**kcal

自制品1个 糖分 **3.1**g

热量 **112**kcal

材料（直径5cm的纸杯，8个的分量）

南瓜…100g

奶油芝士…100g

黄油（无盐）…30g

罗汉果代糖…50g

鸡蛋…2个

牛奶…50mL

豆腐渣…100g

准备

● 鸡蛋、黄油提前30min从冰箱取出，室温放置。

● 烤箱预热至160℃。

做法

1 将南瓜切成2cm左右的小块，用保鲜膜包裹住放入微波炉中加入2~3min使之软化。冷却至手可以碰触的温度时，用手隔着保鲜膜将南瓜揉碎。

2 奶油芝士用微波炉加热30s左右软化，再与黄油一起放入碗中，用打蛋器打至奶油状，再加入罗汉果代糖，搅拌至无颗粒状。

3 将鸡蛋打散，一点点加入 **2** 中并搅拌均匀。再加入牛奶、豆腐渣、南瓜，充分搅拌至无粉末状。

4 倒入纸杯中，至六七分满的状态，放入160℃的烤箱烤制20min。插入牙签，如果没有粘上湿面糊则可以取出。由于比较容易碎裂，可以用勺子挖着吃哦。

控制了南瓜的量，利用了南瓜的甜

南瓜纸杯蛋糕

这款甜点大大减少了黄油的用量，
吃起来就像吃南瓜一样温润松软。

类似品1块 糖分 **44.7**g
热量 **397**kcal

自制品1/8切块 糖分 **2.7**g
热量 **157**kcal

松仁香味浓郁、口感滑润的

胡萝卜蛋糕

为了充分发挥胡萝卜的甜味，
特意将油分减到了最低限度。
蛋白要另外添加，可以使成品口感滑润。

材料（边长18cm的方形模具，1个的分量）

胡萝卜···约100g

鸡蛋···2个

罗汉果代糖···50g

色拉油···15g

A | 黄豆粉···65g
  | 杏仁粉···65g
  | 泡打粉···1小勺（3g）

松仁···30g

准备

● 将鸡蛋蛋白与蛋黄分开放置。

● 将A提前拌匀。

● 在模具内涂上一层薄薄的色拉油（分量外）（见p10）。

● 烤箱预热至160℃。

做法

1 胡萝卜去皮捣碎。

2 蛋白用打蛋器轻轻搅拌后加入20g罗汉果代糖，将蛋白打发到可以拉出直立尖角的干性发泡状态。

3 在碗内加入 **1**、蛋黄以及剩下的罗汉果代糖，用打蛋器搅拌至无颗粒状，再加入色拉油进行搅拌。

4 将 **2** 中蛋白的1/3加入 **3** 中用打蛋器充分搅拌均匀，再将A过筛加入，充分搅拌至无粉末状。

5 将剩余的蛋白分两次添加，用橡皮刮刀模仿切的动作翻拌，防止消泡，再倒入模具内。

6 将松仁在上层铺开，放入160℃的烤箱烤制25min。

7 蛋糕同模具一起置于金属网上冷却，至手可以触碰的温度时，手握油纸脱模。用保鲜膜包裹住冷却，最后去除油纸切成8等份。

类似品1块 糖分 **24.2**g 　　　自制品1/6切块 糖分 **4.4**g

热量 **331**kcal 　　　热量 **226**kcal

苹果味浓郁的

德式苹果芝士蛋糕

用松软干酪制作的一款意大利人也很熟悉的

德式苹果芝士蛋糕，

比单纯的芝士蛋糕容易定型。

但由于添加了很多苹果，所以水分偏多。

千万别忘了要等完全冷却后再脱模哦。

材料（直径15cm的圆形模具，1个的分量）

A | 苹果…150g
  | 黄油（无盐）…10g

黄油（无盐）…50g

松软干酪（过筛型）…200g

鸡蛋…2个

罗汉果代糖…50g

杏仁粉…40g

松仁…25g

B | 白葡萄酒…1大勺
  | 罗汉果代糖…5g

准备

●松软干酪、黄油、鸡蛋提前30min从冰箱取出，室温放置。

●苹果带皮使用，因此要洗干净。如果介意带皮也可以削皮后使用。

●将少许色拉油（分量外）薄薄地涂在模具内，在模具内铺上油纸（见p10）。

●烤箱预热至170℃。

做法

1 先将一半苹果切成薄薄的银杏叶状，剩下的用于装饰，可以切成大片。将A的黄油置于加热后的平底锅上软化，再将银杏叶状的苹果煮软，冷却后切碎。

2 用保鲜膜包裹住黄油（50g）轻揉，软化后加入碗内。

3 将松软干酪和 1 中的黄油加入 2 中，用打蛋器搅拌至柔滑状。

4 加入罗汉果代糖(50g)，搅拌至无颗粒状。

5 将鸡蛋打散混合搅拌。

6 搅拌均匀后加入杏仁粉，和切碎的苹果果肉充分搅拌，再倒入模具内，注意表面平整。

7 将大片的苹果与松仁撒在表面，放入170℃的烤箱烤制40min左右。

8 和模具一起置于金属网上冷却，用冰箱冷藏3h以上。再往耐热碗内加入B，用微波炉加热1min，充分溶解后，涂抹于蛋糕表面。手握油纸脱模，再剥落油纸切分蛋糕。

Part 3

用平底锅或
微波炉就可以
做的甜点

煎饼（薄饼）是现在非常受关注并且很有人气的甜点。

下面向您介绍几款可以品尝低糖煎饼的食谱。

小栏目里还有几款低糖的酱料哦。

材料（直径11cm，4块的分量=2人份）

豆腐渣…100g

芝士片…2片（36g）

A ｜ 罗汉果代糖…20g
｜ 泡打粉…1小勺（3g）

鸡蛋…2个

原味酸奶…50mL

黄油…5g（2块）

准备

● 将A提前拌匀。

做法

1 豆腐渣加入耐热碗中，撒上捏碎的芝士。不加保鲜膜放入微波炉加热2min，再用橡皮刮刀充分搅拌。

2 加入A，充分搅拌均匀。

3 打入鸡蛋，加入酸奶，用打蛋器打至柔滑的状态。

4 加热平底锅，再置于湿毛巾上冷却，锅内放入少许色拉油（分量外）。将 **3** 用圆形勺子舀半勺左右，倒入锅中，摊成直径10cm左右的圆形，小火煎。盖上锅盖，再煎2~3min至表面出现气泡。由于这款面糊很容易上色，所以要用小火小心煎制。

5 将 **3** 舀1勺左右铺于 **4** 的面饼上，迅速翻面，盖上锅盖。煎成焦黄色时即可装盘。

6 剩余部分方法同上，食用前在煎饼上放上黄油。直接食用或者蘸着喜欢的酱料（见p55）吃都很好吃哦。

类似品1人份 糖分 **64.3**g
热量 **390**kcal

自制品2块 糖分 **3.2**g
热量 **254**kcal

松软的秘诀也在于煎制方法哦！

豆腐渣酸奶软煎饼

在翻面前加少许面糊，

就是这小小的一步就能让薄饼松软有弹力，

口感更好哦。

上下翻面后，盖上锅盖，慢慢煎制，

就能做出松软、香甜的煎饼哦。

烹饪小贴士

用微波炉加热还可以做成烤蛋糕！

将做法 **3** 的材料倒入6个纸杯中，轻轻搭上一层保鲜膜用微波炉一次加热3个，加热时间为2~3min，就做成了润滑的烤蛋糕哦！

类似品1人份 糖分 **53.2**g

热量 **380**kcal

自制品2块 糖分 **4.0**g

热量 **280**kcal

＊加上酸味奶油的话，1人份糖分会增加0.13g。

材料（直径11cm，4块的分量=2人份）

木棉豆腐…150g

罗汉果代糖…20g

鸡蛋…2个

A ｜ 泡打粉…1/2大勺（5g）
　　黄豆粉…20g
　　杏仁粉…30g

准备

● 将A提前拌匀。

做法

1 将豆腐倒入碗中，用打蛋器打碎。

2 打入鸡蛋，加入罗汉果代糖，充分搅拌。

3 A过筛加入，搅拌均匀。

4 加热平底锅，再置于湿毛巾上冷却，锅内倒入色拉油（分量外）。将 **3** 用圆形勺子舀半勺左右倒入锅中，摊成直径10cm左右的圆形，盖上锅盖小火煎。

5 表面出现气泡时，可以上下翻面。小火慢慢煎，煎至焦黄色时即可装盘。剩余部分方法同上，可以根据自己的喜好，放上一些酸味奶油，或者蘸上一些p55介绍的酱料食用。

烹饪小贴士

用微波炉加热还可以做成烤蛋糕！

将做法 **3** 的材料倒入6个纸杯中，轻轻搭上一层保鲜膜，用微波炉一次加热3个，加热时间为3min，就做成了润滑的烤蛋糕哦！

冷却之后也美味

豆腐黄豆粉
软煎饼

翻面时容易碎裂，
因此做成直径10cm左右的会比较容易操作。
请用小火慢慢煎。

蓝莓红酒沙司

豆奶卡仕达沙司

柠檬黄油

西柚白葡萄酒沙司

薄饼的最佳搭档
低糖分酱料

★使用罗汉果代糖制成的酱料放入冰箱保存时，由于结晶会变粗糙。所以使用前，可以稍微加热使之软化。

充满朗姆酒香的
豆奶卡仕达沙司

1人份的糖分 **0.4**g　热量**28** kcal

材料（4人份）　蛋黄1个，罗汉果代糖15g，豆浆50mL，朗姆酒1小勺

做法　将蛋黄倒入耐热碗中，加入罗汉果代糖，用打蛋器充分搅拌至无颗粒状，再加入豆浆、朗姆酒，搅拌均匀。不加保鲜膜用微波炉加热2min左右，迅速搅拌放置冷却。

风味清新的
柠檬黄油

1人份的糖分 **0.1**g　热量**95** kcal

材料（4人份）　黄油（无盐）50g，罗汉果代糖20g，柠檬（或者柚子）皮少许

做法　黄油室温放置软化后打成奶油状，再加入罗汉果代糖和柠檬皮，搅拌至柔滑状。

清淡口味总相宜的
西柚白葡萄酒沙司

1人份的糖分 **1.4**g　热量**14** kcal

材料（4人份）　西柚50g，白葡萄酒和水各50mL，罗汉果代糖50g

做法　西柚剥皮，取出果肉切碎。将所有材料放入小锅中，中火加热，煮开后转小火再焖煮5min左右即可。

红酒风味，适合成人的美味
蓝莓红酒沙司

1人份的糖分 **1.4**g　热量**15** kcal

材料（4人份）　冻蓝莓50g，红酒和水各50mL，罗汉果代糖50g

做法　将所有材料倒入小锅中，中火加热，煮开后转小火，焖煮5min左右即可。

| 类似品1人份 | 糖分 **33.5**g | | 自制品4块 | 糖分 **3.9**g |
| | 热量 **302**kcal | | | 热量 **190**kcal |

刚刚出锅的松软煎饼要第一时间享用

里科塔
芝士软煎饼

这款煎饼要稍微花点功夫。

要想把煎饼做得松软，是有独门秘诀的哦。

由于冷却后会变硬，

因此一定要出锅后马上享用哦。

材料（直径6cm，12块的分量=3人份）

鸡蛋…2个

罗汉果代糖…15g

A（罗汉果代糖…10g）

松软干酪（过筛型）…100g

B | 高筋粉…10g
   | 杏仁粉…40g
   | 泡打粉…1小勺（3g）

准备

● 将鸡蛋蛋白与蛋黄分开放置。

● 将B拌匀。

烹饪小贴士

用微波炉加热还可以做成烤蛋糕！

在耐热碗内薄薄地涂上一层黄油（分量外），将做法**4**的材料倒入。轻轻搭上一层保鲜膜用微波炉加热4min左右。全部膨起来即可。接着包着保鲜膜倒扣于金属网上，冷却后再切分。冷却后食用同样美味哦。

做法

1 蛋白倒入碗内，用打蛋器轻轻搅拌，加入罗汉果代糖（15g），将蛋白打发到可以拉出直立尖角的干性发泡状态。

2 在另外一个碗内加入蛋黄、A和松软干酪，用打蛋器充分搅拌均匀。

3 **2**内加入1/3打发的蛋白，搅拌至黏稠状，再过筛加入B，搅拌至柔滑状态。

4 加入剩余的打发的蛋白，用橡皮刮刀翻拌，注意防止消泡。

5 加热平底锅，再置于湿毛巾上冷却，倒入少许色拉油（分量外）。将**4**中的材料用咖啡勺舀满满1大勺倒入锅内，形成圆形，小火煎。

6 盖上锅盖，煎2min左右直至表面冒气泡，上下翻面，煎成焦黄色时即可装盘。剩余材料做法同上。

类似品1人份 糖分 **12.6**g
热量 **295**kcal

自制品 加巧克力酱
4块　糖分 **3.7**g 热量 **211**kcal

另外再加奶油的话会增加
糖分 **0.4**g 热量 **43**kcal

材料（直径6cm，16块的分量=4人份）

〈煎饼〉

木棉豆腐…150g

鸡蛋…2个

A　罗汉果代糖…20g
　　色拉油…10g

B　泡打粉…1/2大勺
　　黄豆粉…20g
　　杏仁粉…30g

豆浆…100mL

〈巧克力酱〉

　　蛋黄…1个

C　可可粉（无糖）…1.5大勺（9g）
　　罗汉果代糖…30g

　　豆浆…70mL

　　朗姆酒…1小勺

〈奶油〉

D　鲜奶油（乳脂肪含量36%左右）…50mL
　　罗汉果代糖…4g（1小勺）

准备

● 提前将B拌匀。

做法

1　将豆腐倒入碗内，用打蛋器拌碎至奶油状。打入鸡蛋，加入A搅拌均匀。

2　B过筛加入，充分搅拌，再加入豆浆，搅拌至柔滑状态。

3　平底锅加热，再置于湿毛巾上冷却，倒入少许色拉油（分量外）。将**2**的材料用咖喱勺舀1大勺倒入锅内，摊成圆形，小火煎。待表面干后会产生气泡，这时上下翻面，再用刮刀轻压平整，煎至焦黄色时即可装盘。

4　制作酱料。将C倒入耐热碗内，加入豆浆和朗姆酒，充分调匀。不加保鲜膜用微波炉加热2.5min，再用打蛋器充分搅拌，最后冷却即可。

5　将D用打蛋器打至六分发泡状。再根据个人喜好可以加至拌好的面糊中煎，再蘸上酱料食用。

与巧克力酱也很搭的
迷你厚煎饼

未使用小麦粉的煎饼会摊得比较薄，
操作比较难，所以将一勺料自然倒入锅内，
也能煎成小尺寸的煎饼哦。

类似品1个 糖分 **18.6**g	自制品1个 糖分 **1.7**g
热量 **122**kcal	热量 **52**kcal

材料（直径5cm的纸杯，8个的分量）

豆腐渣…80g

罗汉果代糖…25g

A ｜ 泡打粉…1/2大勺

｜ 高筋粉…10g

鸡蛋…2个

原味酸奶…100mL

色拉油…10g

准备

●将A提前拌匀。

5

做法

1 将豆腐渣倒入耐热碗内，不用加保鲜膜放入微波炉内加热2min，再加入罗汉果代糖，用打蛋器搅拌至无颗粒状。

2 A过筛加入，搅拌均匀。

3 打入鸡蛋，再加入酸奶、色拉油，充分搅拌至柔滑状态。

4 将纸杯模具放在耐热容器上，将蛋奶液倒入杯子，七分满足够。

5 每次放入4个纸杯至微波炉内，轻轻搭上一层保鲜膜，加热2~3min。

冷却之后口感依然滑润

用微波炉即可制作的蛋糕

用微波炉制作的点心，冷却之后很容易变得干巴巴的。

而这款因为加了豆腐渣可以保持滑润的口感，

冷却之后依然可口。

Part4
冷藏后
风味更佳的甜点

下面几款都是适合用冰箱冷藏的甜点哦。

明胶片比明胶粉用起来更容易使成品柔滑，

所以建议您使用明胶片。

材料（直径15cm的圆形模具，
1个的分量）

冻蓝莓…100g

明胶片…4片（6g）

罗汉果代糖…30g

奶油芝士…150g

原味酸奶…150mL

牛奶…50mL

蛋黄…1个

薄荷叶…少许

白葡萄酒（或者水）…1大勺

做法

1 先准备6个用于装饰的蓝莓，剩余的放入耐热碗，不加保鲜膜用微波炉加热5min，取出加入罗汉果代糖。轻轻捣碎，再搅拌至无颗粒状，静置冷却。

2 明胶片浸入水中还原。

3 奶油芝士用微波炉加热40s，软化备用。

4 蛋黄放入碗内，再倒入用微波炉煮开的牛奶，用打蛋器迅速搅拌至黏稠状。

5 将3的芝士加入4内，搅拌至柔滑状。

6 加入酸奶和1中捣碎的蓝莓，再将碗底浸入热水中，用橡皮刮刀充分搅拌至柔滑状。

7 去除明胶的水分，放入小碗中。再加入白葡萄酒，浸入热水中溶化。

8 明胶倒入6中，轻轻搅拌至充分溶化，倒入模具。

9 稍事冷却后，放入冰箱冷藏3h以上定型。脱模时，将整个模具浸入温水中，或者用热水泡过的毛巾包裹着，倒扣至餐盘上。最后装饰上备好的6个蓝莓和薄荷叶。

类似品1块 糖分 **19.5**g
热量 **263**kcal

自制品1/6切块 糖分 **3.9**g
热量 **134**kcal

让你一见倾心的不仅是它的美味，更是它的"美貌"

蓝莓酸奶芝士蛋糕

正如大家都喜爱的酸奶加蓝莓
浑然天成的美味一样，
这款蛋糕的清爽香甜正是受人喜爱的理由，
是一款百搭的小清新甜点哦。

类似品1块 糖分 **20.2**g

热量 **213**kcal

自制品1/6切块 糖分 **3.2**g

热量 **111**kcal

冷藏后美美地享用哦！

红豆椰奶
亚式布丁

将亚式甜点中很受欢迎的
椰子年糕小豆汤做成了布丁。
吃起来很有分量感哦！

材料（18cm×8cm×6cm的磅模，1个
的分量）

豆腐渣…50g

鸡蛋…2个

罗汉果代糖…45g

煮红豆（无糖）…100g

椰奶…200g

准备

◎ 在模具内薄薄地涂上一层色拉油（分量
外）。

◎ 烤箱预热至160℃。

做法

1 在耐热盘中将豆腐渣铺开，不加保鲜膜
放入微波炉中加热3min，再迅速搅拌，
静置冷却（冷却后重量会减少35g左
右）。

2 将鸡蛋打入碗内，用打蛋器轻轻搅拌，
再加入罗汉果代糖。充分搅拌至无颗粒
状，再加入豆腐渣、红豆、椰奶，用橡
皮刮刀搅拌。

3 倒入模具内，放入小烤盘中，再置于大
烤盘内，注入深2cm左右的热水。放入
160℃的烤箱隔水烤制45~60min，表
面充分凝固后即可取出。冷却后，放入
冰箱冷藏3h以上。

4 边缘比较容易黏附于模具上，可以用竹
签在周围转一圈去除。最后倒扣于餐盘
上，完成脱模。

类似品1个 糖分 **28.0**g
热量 **193**kcal

自制品1个 糖分 **2.4**g
热量 **40**kcal

一款充分发挥香料美味的西餐厅高档甜点

草莓红酒果冻

红酒加草莓，醇香、微酸、甘甜，

相互融合，浑然天成。

而使用少许的香料让红酒香更加浓郁，

尽管只用了几个草莓，

成品却显得如此高端。

这可是不容错过的组合哦。

材料（4个的分量）

明胶片…3片（4.5g）

草莓…100g

红酒…150mL

罗汉果代糖…45g

桂皮…1/3根

黑胡椒粒…2粒

水…100mL

做法

1 明胶片浸入水中还原。

2 草莓去蒂。草莓较大、人数较多时可以将草莓对半切开。

3 将草莓、红酒、罗汉果代糖、100mL水、桂皮、黑胡椒粒放入锅中中火加热。用橡皮刮刀搅拌至无颗粒状，煮开后小火再煮6min左右。静置冷却7min左右，让其充分入味。

4 将明胶的水分去掉后加入 **3** 中，用橡皮刮刀搅拌至柔滑状。冷却后如果明胶还未溶化，则小火将锅加热，至其溶化。

5 将 **4** 中的果酒用滤茶网过滤加入玻璃杯中。冷却后再放入冰箱冷藏3h以上定型。

类似品1个 糖分 **17.2**g
热量 **280**kcal

自制品1个 糖分 **2.3**g
热量 **60**kcal

＊加了覆盆子做装饰后，单个的糖分会变成2.85g。

材料（80mL含量的模具，6个的分量）

明胶片…4片（6g）

原味酸奶…250mL

罗汉果代糖…45g

朗姆酒（或者水）…1小勺

鲜奶油（乳脂肪含量36%左右）…50mL

做法

1 明胶片浸入水中还原。

2 碗内加入酸奶和罗汉果代糖，用打蛋器
搅拌至无颗粒状。如果酸奶太冰，可以
浸入热水中搅拌一下，使之温度升至体
温状态。

3 去除明胶的水分后加入另一个小碗中，
再加入朗姆酒，浸入热水中，用橡皮刮
刀搅拌至明胶溶化。

4 倒入 **2** 中，轻轻搅拌。

5 将碗底浸入冰水中搅拌，变黏稠后加入
鲜奶油，再用打蛋器打发。

6 打发以后倒入模具内，放入冰箱冷藏
2h以上冷却定型。脱模时，可以迅速
浸入温水中，再倒扣至餐盘上。如果有
的话，可以装饰一些覆盆子、薄荷叶。

名字源于"白色食物"

酸奶朗姆酒奶冻

＊
少用些鲜奶油而充分使用酸奶，

则达到了控制热量的目的。

如果用玻璃杯定型的话，可以少用1片明胶。

类似品1个	糖分 **19.9**g		自制品1个	糖分 **3.5**g
	热量 **193**kcal			热量 **30**kcal

用当季水果试试看

西瓜蜂蜜奶冻

小时候妈妈做的奶冻的味道是那么令人怀念。

奶冻是一种口感与明胶不同的美味。

脆甜的西瓜可以为这道甜点增色不少哦!

材料（200mL容量的玻璃杯，6个的分量）

琼脂粉···1/2小勺（2g）

牛奶···200mL

罗汉果代糖···40g

西瓜···80g

蜂蜜···5g

水···100mL

做法

1 往锅里倒入100mL水，撒入琼脂粉再搅拌均匀。中火加热，用橡皮刮刀搅拌的同时煮1min左右。

2 加入牛奶和罗汉果代糖后搅拌，溶化后倒入玻璃杯。稍事冷却后，放入冰箱冷藏2h以上冷却定型。

3 西瓜先准备好4块用于装饰的三角形小薄块。剩余的切成5mm见方的小块，涂上蜂蜜，放入 **2** 中，再摆上装饰用的三角形西瓜块即可。

类似品1个 糖分 **8.1**g

热量 **156**kcal

➡

自制品1个 糖分 **3.0**g

热量 **139**kcal

材料（容量50mL的果冻模具，5个的分量）

明胶片…3片（4.5g）

蛋黄…1个

牛奶…150mL

黑芝麻粉…50g

罗汉果代糖…25g

白葡萄酒（或者水）…1大勺

鲜奶油（乳脂肪含量36%左右）…50mL

做法

1 明胶片充分浸入水中还原。

2 蛋黄倒入碗内，慢慢倒入煮开的牛奶，用打蛋器充分搅拌至黏稠状。

3 在另一碗内放入黑芝麻粉和罗汉果代糖，将 **2** 的蛋奶液倒入，同时用打蛋器搅拌至柔滑状。

4 去除明胶的水分后，倒入小碗内，加入白葡萄酒，浸入热水中溶化。再倒入 **3** 的混合液中，用橡皮刮刀轻轻搅拌。

5 将碗底浸入冰水中轻轻搅拌，呈黏稠状后加入鲜奶油搅拌至柔滑状。

6 倒入模具中，放入冰箱冷藏2h以上冷却定型。脱模时，先迅速过一遍温水，再倒扣至餐盘上。

黏黏的口感味道极佳

黑芝麻巴伐露

因为加了很多黑芝麻，

所以口感更香醇，

这也是这款甜点的最大特点。

用小小的模具定型，好好品味这浓郁的美味吧。

类似品1个 糖分 **13.2**g
热量 **139**kcal

自制品1个 糖分 **2.1**g
热量 **61**kcal

口感丰润的
草莓酸奶冻奶糊

口感介于果子露冰激凌与冰棒之间。
这是一款口味浓郁酸味也很明显的清爽冻奶糊。
如果有冷冻的覆盆子，
也可以尝试用与草莓等量的覆盆子来做这道点心哦。

材料（50mL容量的冻奶糊模具，8个的
分量）

原味酸奶…200mL

草莓（或者冻覆盆子）…50g

罗汉果代糖…40g

鲜奶油（乳脂肪含量36%左右）…100mL

准备

● 酸奶倒入铺于餐盘上的无纺布上，静置
2h左右去除水分。

做法

1 草莓切成2~4等份，放入耐热碗中，用
微波炉加热2min，再用叉子捣碎。加
入罗汉果代糖，充分搅拌至无颗粒状。

2 将鲜奶油倒入另一个碗内打发至六分发
泡的状态，与 **1** 中的草莓混合后加入酸
奶搅拌。

3 倒入模具内，放入冰箱冷冻3h以上定
型。模具可以用冰棒模具或者果冻模
具，根据自己的喜好即可（也可以放入
大模中再切分）。

1

Part 5
入口即化的
甜点

说到甜点，

即使正在减肥也还是会想吃满口奶油的甜点，

这也是人之常情。

这几款食谱就是为实现这个梦想而制作的。

材料（4人份）

蛋白…1个蛋的量

罗汉果代糖…20g

原味酸奶…150mL

鲜奶油（乳脂肪含量36%左右）…50mL

〈蛋黄酱〉

蛋黄…1个

罗汉果代糖…15g

柠檬汁…1大勺

鲜奶油（乳脂肪含量36%左右）…3大勺

准备

● 做法 3 中，要提前将一块厚的无纺布盖在杯面，布面稍微凹进去一些，用皮筋将杯子边缘固定。也可以将无纺布铺在浅筐上。

做法

1 将蛋白倒入碗内，用打蛋器轻轻搅拌后加入罗汉果代糖（20g），将蛋白打发到可以拉出直立尖角的干性发泡状态。

2 在另一个碗内加入酸奶和鲜奶油，再用打蛋器打发。

3 奶油打发后加入 **1** 的蛋白，用橡皮刮刀小心翻拌，防止消泡，再倒入杯子的无纺布中保持松软状态，水分会经无纺布流出。然后置于烤盘上放入冰箱，静置3h左右自然去除水分。

4 制作酱料。往碗内加入蛋黄、罗汉果代糖（15g）和柠檬汁，浸入热水中，用橡皮刮刀搅拌至黏稠状。再从热水中取出搅拌1min左右，完全冷却后加入鲜奶油稀释。

5 将**3**的无纺布去除，甜点装盘，可以蘸着酱料食用。

（静置3h后）

类似品1人份 糖分 **15.7**g

热量 **193**kcal

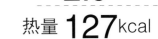

1人份 糖分 **2.9**g

热量 **127**kcal

法国昂热地区有名的甜点

酸奶天使蛋糕

用勺子舀一块送入口中的一瞬间,

立刻在口中化掉,

真是如云朵般的甜点。

直接入口已经非常好吃了,

如果蘸上甜甜的酱料会更加美得让您停不下来。

别忘了要放入冰箱冷藏去除水分后再品尝哦。

类似品1人份 糖分 **12.8**g

热量 **237**kcal

自制品1人份 糖分 **1.1**g

热量 **69**kcal

搅拌一下即可，真的超简单

豆腐慕斯

用勺子舀一口送入口中，

立刻就化了，

最后绵软的豆腐风味依然留有余香。

此刻您终于明白，啊！是吗？我吃的是豆腐啊！

这种过程是不是也很美好呢？

材料（容量300mL的容器，1个的分量=4人份）

明胶片…2片（3g）

嫩豆腐…150g

罗汉果代糖…20g

白葡萄酒（或者水）…1大勺

鲜奶油（乳脂肪含量36%左右）…50mL

做法

1 明胶片浸入水中还原。

2 将豆腐倒入碗内，用打蛋器充分搅拌，加入一半罗汉果代糖，搅拌至无颗粒状。

3 去除明胶的水分后加入另一个小碗内，倒入白葡萄酒，浸入热水中溶化。再倒入 **2** 的豆腐中，轻轻搅拌。

4 往另一个碗内加入鲜奶油，再加入剩余的罗汉果代糖打发至六分发泡的状态，再加至 **3** 的材料内。倒入容器内，放入冰箱冷藏2h以上定型。

5 用勺子舀入餐具内，如果有的话还可以装饰一些蓝莓或欧芹。

类似品1块 糖分 **12.8**g

热量 **143**kcal

自制品1/6切块 糖分 **3.8**g

热量 **92**kcal

这种美味就像在品尝一种高级番茄一般

番茄慕斯

要将番茄磨成泥听起来似乎很麻烦!

实际操作起来其实超简单!

这款能让你元气满满的甜点,

会让你觉得将番茄做成番茄酱真是太浪费啦!

材料 (直径15cm的圆形模具,1个的分量)

明胶片…7片 (10.5g)

番茄…净含量200g (2个)

原味酸奶…150mL

柠檬汁…1小勺

罗汉果代糖…20g

蜂蜜…5g

A 鲜奶油 (乳脂肪含量36%左右)…100mL
　罗汉果代糖…10g

白葡萄酒 (或者水)…2大勺

做法

1 明胶片充分浸入水中还原。

2 将番茄去蒂,再从反面将番茄磨碎。最后只剩下皮,再用网眼较大的滤盆将番茄泥过滤,以去除颗粒较大的籽。

3 往碗内加入番茄、酸奶、罗汉果代糖、蜂蜜、柠檬汁,用打蛋器充分搅拌至无颗粒状。

4 将明胶的水分去除后加入小碗内,再加入白葡萄酒,浸入热水中溶化。倒入 **3** 的材料内,轻轻搅拌。

5 将A倒入另一碗中打发至六分发泡状态,再加至 **4** 的材料内。倒入模具,放入冰箱冷藏3h以上定型。脱模时,可以浸入温水中,或者用泡过热水的毛巾包裹住,倒扣至餐盘上。如果有的话,可以装饰一些圣女果在上面。

2

类似品1个 糖分 **15.0**g
热量 **367**kcal

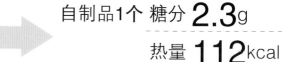

自制品1个 糖分 **2.3**g
热量 **112**kcal

材料（6个的分量）

明胶片…3片（4.5g）

可可粉（无糖）…10g

罗汉果代糖…25g

牛奶…150mL

A ｜ 鲜奶油（乳脂肪含量36%左右）…150mL

｜ 罗汉果代糖…10g

白兰地（或者朗姆酒）…1小勺

做法

1 明胶片充分浸入水中还原。

2 碗内加入可可粉和罗汉果代糖。牛奶在微波炉内加热1~2min，倒入碗内，再用打蛋器搅拌均匀。

3 明胶去除水分，趁热加入 **2** 的牛奶碗中，用橡皮刮刀轻轻搅拌至完全溶解。

4 往另外一个碗内加入A，用打蛋器打至六分发泡状态。

5 将 **3** 的碗底浸入冰水中，搅拌至黏稠状，再加入 **4** 的材料和白兰地，搅拌至柔滑状。最后倒入玻璃杯，放入冰箱冷藏2h以上定型。

宛如巧克力一般浓香的

巧克力慕斯

减肥时总会情不自禁想吃巧克力。
如果加上鲜奶油和牛奶，
仅用可可粉便能制成口感超棒的慕斯。
加点白兰地或者朗姆酒，
香味更加浓郁，味道更加美好。

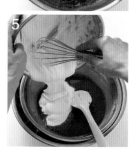

类似品1人份 糖分 **14.9**g	→	自制品1/6切块 糖分 **1.3**g
热量 **288**kcal		热量 **137**kcal

奶油味浓郁、甜度适中的

提拉米苏

虽然也有简单的做法，
但如果能充分发挥鸡蛋的作用，味道会更加浓香，
也会让您感叹这个功夫没有白费哦！

材料（600mL容量的容器，1个的分量）

明胶片…2片（3g）

A | 蛋黄…1个
　 | 罗汉果代糖…25g
　 | 白葡萄酒…1大勺

奶油芝士…100g

鲜奶油（乳脂肪含量36%左右）…100mL

B | 蛋白…1个的分量
　 | 罗汉果代糖…10g

可可粉（无糖）…10g

做法

1　明胶片浸入水中还原。

2　将A放入碗内用橡皮刮刀搅拌，再浸入热水中搅拌至黏稠状。

3　奶油芝士用微波炉加热30s使其溶化，加至2中充分搅拌至柔滑状。

4　去除明胶的水分，加入碗内，加入1大勺水，浸入热水中。加至3内，用橡皮刮刀搅拌，再加入鲜奶油，拌匀。

5　往碗内加入B的蛋白，再用打蛋器轻轻搅拌，加入罗汉果代糖打发。将蛋白打发到可以拉出直立尖角的干性发泡状态后，再加入4中搅拌。最后倒入容器，放冰箱冷藏3h以上定型。食用之前可以撒上一些可可粉。

不使用牛奶而使用糖分较少的豆浆制作的

日本茶慕斯

这款甜点的独特之处
在于能将日本茶苦中带甜的优点发挥得淋漓尽致。
轻轻搅拌冷却定型后，会自然分成两层。
别忘了将淡雪般的第一层和浓厚的第二层
一同舀起送入口中品尝哦。

材料（14cm×11cm的豆腐模具，1个的分量）

明胶片…3片（4.5g）

蛋黄…1个

罗汉果代糖…25g

茶粉（参照p17）…1.5大勺（7.5g）

豆浆…200mL

鲜奶油（乳脂肪含量36%左右）…50mL

B 蛋白…1个的分量
  罗汉果代糖…15g

做法

1 明胶片浸入水中还原。

2 碗内加入茶粉与罗汉果代糖（25g）。将50mL豆浆用微波炉或者锅加热，倒入碗内茶粉中，用打蛋器打至糖和粉完全溶化。

3 加入蛋黄搅拌均匀，再加热剩下的豆浆后继续加入，充分搅拌。

4 趁热加入已去除水分的明胶片，用橡皮刮刀搅拌至充分溶化。将碗底浸入冰水中，轻轻搅拌，冷却至体温状态后加入鲜奶油继续搅拌。

5 在另一个碗内加入B的蛋白，用打蛋器轻轻搅拌后加入B的罗汉果代糖，打发。

6 将蛋白打发到可以拉出直立尖角的干性发泡状态后，加至 **4** 内搅拌。倒入盘中，冷藏3h以上定型。

类似品1个 糖分 **21.6**g
热量 **339**kcal

自制品1个 糖分 **2.8**g
热量 **137**kcal

材料（容量100mL的耐热布丁模具，4个的分量）

鸡蛋…2个

蛋黄…1个

罗汉果代糖…30g

牛奶…200mL

鲜奶油（乳脂肪含量36%左右）…50mL

准备

● 鸡蛋、牛奶、鲜奶油提前30min从冰箱取出，室温放置。

做法

1 碗内加入鸡蛋和蛋黄，用打蛋器轻轻搅拌，加入罗汉果代糖后搅拌至无颗粒状。加入牛奶、鲜奶油，用滤盆等工具过滤。

2 倒入模具中。

3 在能够容纳模具深度的平底锅或者浅锅内铺上一层无纺布，将模具摆入。

4 将热水注入至低于模具口的深度（避免水开后溢入模具内），大火加热。煮开后转至小火，盖上锅盖，继续蒸煮10min，再静置10min。根据个人喜好可以入冰箱冷藏后食用。

没有蒸锅也可以用平底锅完成的

软绵绵布丁

加入鲜奶油后味道会更浓郁。
冷藏后食用可以充分品味到
那种入口即化的口感。
如果喜欢较清爽的味道，
可以将鲜奶油换成牛奶哦。

1

4

杏仁粉

杏仁粉是用杏仁加工成的粉状食材（本书使用的是无皮杏仁粉）。杏仁粉糖分少，可以代替小麦粉使用。烤制后，香味浓郁，可以制作浓香的点心。可以在烘焙材料店买到。

本书所用的主要材料

为了尽量减少糖分，我们都不使用白糖，小麦粉也使用得极少。

但是"低糖甜点"常用的大豆粉、麸皮等由于比较难买，所以我们也没有使用。本书所介绍的材料全都是在您熟悉的超市就能买到的哦。

高野豆腐（不含调料）

高野豆腐是将豆腐冷冻后干燥而成的，大大提高了其保存的持久性，也叫冻豆腐。由于原料是大豆，所以糖分低、热量低。可以用磨具碾磨成粉状之后使用。与芝士、可可粉等一同使用的话，也不会有特殊的怪味。

豆腐渣

豆腐渣是黄豆打成豆浆后所剩的残渣，富含食物纤维、维生素和矿物质。糖分和热量都很低，所以本书中多次用到。如果能从豆腐店买到刚磨出来的那是最好不过了，有的超市也有售。本书介绍了它的多种用法。本书还介绍了用微波炉加热去除其水分的方法，也可去除其腥味。

高筋粉

小麦粉中蛋白质含量占12%以上的就叫高筋粉，每100g高筋粉含有68.9g的糖分。本书的食谱中，仅仅在烤制口感细腻的裱花蛋糕时使用了5~10g高筋粉。

黄豆粉

黄豆粉是指黄豆去皮磨成的粉。特点是没有生黄豆的腥味，非常香，糖分较少。它富含食物纤维、钙质和矿物质。

罗汉果代糖（颗粒）

本书使用的甜味剂不是白糖而是"罗汉果代糖"颗粒。它是一种超市常见的甜味剂，是由罗汉果精华以及菌类所含有的一种赤藓糖醇加工而成的，几乎不会被人体吸收，代谢物经尿液排出，因此热量为零，也不会影响血糖值。因此虽然它含有糖，但是本书的糖分和热量计算中还是把它算作零。另外，热量较低（2g，不满1小勺的热量为2.8kcal）且不含糖分（厂商的说明是含糖分，但是不会影响血糖值）的人工甜味剂中，还有一种叫"palsweet"的甜味剂也广为人知。本书的食谱也可以用这种甜味剂的颗粒型。如果用这种甜味剂，请使用1/4的量。

另外，不在意是否低糖的朋友，也可以换成与罗汉果代糖等量的枫糖浆、蜂蜜、黑糖等。这些食材每100g所含的糖分和热量如下，仅供参考。

	糖分	热量
枫糖浆（100g）	66.3g	257kcal
蜂蜜（100g）	79.7g	294kcal
黑糖（100g）	89.7g	354kcal

椰奶

椰奶是用成熟的椰子的
果肉和椰汁制成的，在
亚洲风味美食中很常
用。有浆状和粉状的。
每100g的糖分为
2.6g，属于低糖分食
材。罐装浆状成分有时

会有分离现象，所以最好摇匀之后再开罐，
如果一次没有用完，可以用保鲜袋密封置于
冰箱中冷冻，因为室温保存容易氧化。

煮红豆（无糖）

煮过的红豆，请使用无糖型。种类不同，红
豆本身的甜味也会有差异，因此做成的甜点
可能也会有差异。可以自己尝试一下，根据
自己的喜好调节甜味。

朗姆酒

朗姆酒、白兰地等蒸馏
酒在酿造过程中糖分会
流失，所以可以称之为
低糖酒。红酒也是糖分
较低的。

可可粉（无糖）

可可粉是由可可豆发酵烘焙之后去除皮与胚
芽，再捣碎脂肪而成的。未经提纯的可可粉
每100g含糖18.5g。可可粉富含抗氧化能力
超强的多酚，近年来越来越受欢迎。

松软干酪

这是一种用脱脂牛奶加工而成的低脂高蛋
白、低糖低热量的食品。本书使用的是过筛
型，即碎末状的。如果买不到的话，也可以
将普通的松软干酪用料理机打碎至柔滑状后
使用（如果没有料理机就用滤筛等工具）。

琼脂粉

琼脂是由名为石花菜的一种红藻类植物加工
而成的。条状的琼脂必须预先泡入水中，煮
化也需要一定的时间，因此又开发出了粉状
的琼脂。可以直接放入锅中与水一起煮化，
使用起来很方便。

茶粉

将日本茶碾碎制成的粉状茶称为茶粉。因为
可以从中有效摄取儿茶酚而备受欢迎。有些
即食的茶粉是将茶叶中提炼的液体制成的粉
末，其中添加了糊精等淀粉，所以请使用茶
叶碾成的茶粉。

明胶片

使用动物骨、皮的"胶质"加工而成，有粉
状和片状两种。明胶片溶化后更柔滑，定型
能力更强，透明度更高，因此本书使用的都
是明胶片。

泡打粉

泡打粉是一种以小苏打为主要成分的膨松
剂，为了让甜点或者面包更加膨松，这种添
加剂会经常用到。添加较多的话会有苦味和
特殊的味道，所以用量要尽量控制。

黄油（无盐）

黄油在发酵阶段糖分几乎全部流失，是一种
对血糖值影响较小的食品。但是由于热量很
高，因此尽管属于低糖类食材，大量使用时
还需谨慎考虑。

混合干酪（含芝士片）

混合干酪与黄油一样，在发酵过程中糖分几
乎流失了，也是一种对血糖值影响较小的食
品。本书的食谱中，主要作为一种黏合剂使
用。请不要用芝士碎，一定要用混合干酪
（process cheese）。

本书所用的模具和工具

蛋糕模具

1 直径15cm的圆形模具。不仅可以做海绵蛋糕，还可以做慕斯。分为活底和固定底两种，可以根据食谱区分使用。活底模具方便蛋糕脱膜，但是不适合放入果冻等液体状材料，隔水烤制时也不好用。不锈钢制品好用而且很容易买到。

2 18cm×8cm×6cm的磅模。除了用来烤制磅蛋糕(重油蛋糕)之外，本书中还用来制作戚风蛋糕。不锈钢制品会比较好用。

3 边长18cm的方形模具。不锈钢制品会比较好用。如果食谱中要用直径15cm的圆形模具，也可以换成这个方形的。

4 直径15cm的煎饼模。特点是比较浅。除了不锈钢的，还有陶制的。

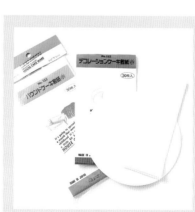

模具内铺油纸是基本原则

为了防止粘连，模具内基本都会铺油纸。可以自己根据模具的尺寸裁剪油纸。本书中的圆形模具用的直径15cm的纸型和磅模用的纸型，市面均有售。

小型甜点模具

1 贝壳模具。可以将蛋糕烤成贝壳的形状。比较受欢迎的材质有不锈钢、硅胶和树脂。如果是不锈钢制品，为防止粘模，需要先涂一层油再加入高筋粉，再掸除多余粉末。如果仔细掸除，将高筋粉控制在最低限度的话，可以不用担心糖分的问题。

2 法式蛋糕模。因为比较浅，为防止材料溢出，注意材料只能放入八分满。

3 杏仁奶冻、巴伐露模具。横截面有线条，可以根据自己的喜好制作梯形甜点，也可以用自己喜欢的玻璃杯来定型哦。

除此之外，本书还用到了用于制作杯蛋糕的纸杯等模具。

其他工具

本书还使用了下述工具。

● 不锈钢碗（大、中、小）如果要使用打蛋器则要有一定深度的，搅拌材料时需要广口的，溶化明胶时则需要较小的，因此要根据情况选择使用。

● 量杯、量勺。

● 电子秤 能精确到1g的数码秤最佳。

● 手动打蛋器、电动打蛋器。

● 橡皮刮刀 柄与刮刀间没有接缝的会更卫生。

● 抹刀 用于裱花装饰等。

● 金属网（蛋糕冷却架）用于冷却刚出炉的甜点，直径30cm左右。

● 滤网、滤茶网 带钩子的会更好用。主要用于筛少量材料时。

● 搪瓷盆 用于隔水烤制时。

● 擀面杖 用于擀面团。

● 油纸、无纺布、保鲜膜。

● 烤箱 我们使用的是一般家用电烤箱。由于也存在个体差异，所以烤制时要多观察内部情况。燃气烤箱烤制的时间则需要缩减20%~30%。

豆腐模具

14cm×11cm。用于做鸡蛋豆腐的模具。将左侧的模具放入右侧模具中间使用。脱模时，只需要握住中间的模具的拉手抽出即可，因此容易脱模也是其特点。

冻奶糊模具

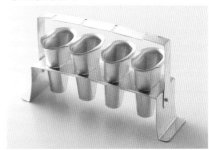

金属材质的冷冻时间会更快，不过一般较便宜的聚乙烯制品也可以使用。

本书所用食材的糖分与热量一览表

下面给出了本书所使用的材料每100g中所含的糖分与热量。这也只是大致标准，具体会因材料的不同而产生差异。即使糖分较多，如果用量较小，对血糖值的影响也会较小；即使糖分少，如果大量食用的话，也会对血糖值产生影响的。

(参考资料：日本食品标准成分表2010，另外也参考了厂商的资料)

	糖分(g)	热量(kcal)
杏仁(干)	9.3	598
杏仁粉	4.2	643
明胶片	0	344
草莓	7.1	34
豆腐渣	2.3	111
橙子	9.0	39
松软干酪	1.9	105
南瓜	17.1	93
黄豆粉	16.1	434
※香芹籽	13.05	453
高筋粉	68.9	366
牛奶	4.8	67
奶油芝士	2.3	346
西柚	9.0	38
核桃仁(熟)	4.2	674
核桃仁(生)的糖分和热量没有调查过。		
芝麻(熟)	5.9	599
※芝麻酱	11.9	662
红茶(叶)	13.6	311
高野豆腐	3.9	529
香蕉	21.4	86
白兰地	0	237
蓝莓	9.6	49
原味酸奶	4.9	62
混合干酪	1.3	339
泡打粉	29.0	127
松仁	1.2	690
蜜橘	11.0	46
煮红豆(无糖)	12.4	143

	糖分(g)	热量(kcal)
※罗汉果代糖	0	0
覆盆子	5.5	41
朗姆酒	0.1	240
苹果	13.1	54
柠檬	7.6	54
柠檬(果汁)	8.6	26
红酒	1.5	73
白葡萄酒	2.0	73
可可粉(无糖)	18.5	271
椰奶	2.6	150
※琼脂粉	0.04	0
色拉油	0	921
※姜粉	72.5	365
西瓜	9.2	37
鸡蛋　整蛋(生)	0.3	151
蛋黄(生)	0.1	387
蛋白(生)	0.4	47
豆浆	2.9	46
豆腐　嫩豆腐	1.7	56
木棉豆腐	1.2	72
番茄	3.7	19
※鲜奶油(动物性)	3.1	344
乳脂肪含量36%左右		
日本茶(叶)	1.2	331
胡萝卜(去皮、生)	6.5	37
黄油(无盐)	0.2	763
(含盐)	0.2	745
蜂蜜	79.7	294

※有该标记的数值是厂商给出的参考值。

★鲜奶油如果使用乳脂肪含量47%左右的，糖分不变，热量变为433kcal。